INGENIERÍA DE ROCAS

INGENIERÍA DE ROCAS

Caracterización de macizos rocosos y teoría de bloques para estabilidad de taludes: un enfoque probabilístico

Rafael Jiménez Rodríguez

Departamento de Ingeniería y Morfología del Terreno
Escuela Técnica Superior de Ingenieros de Caminos, Canales y Puertos
Universidad Politécnica de Madrid

Edición aumentada del trabajo ganador del IV premio al mejor trabajo de investigación en mecánica de rocas de la Sociedad Española de Mecánica de Rocas

COLEGIO DE INGENIEROS DE
CAMINOS, CANALES Y PUERTOS

grupo editorial

INGENIERÍA DE ROCAS. Caracterización de macizos rocosos y teoría de bloques para estabilidad de taludes: un enfoque probabilístico

Rafael Jiménez Rodríguez
ISBN: 978-84-1545-223-2
IBERGARCETA PUBLICACIONES, S.L., Madrid, 2015
Edición: 1ª
Nº de páginas: 222
Formato: 17×24 cm.
Materia IBIC: RBG. Geología y la litosfera

INGENIERÍA DE ROCAS. Caracterización de macizos rocosos y teoría de bloques para estabilidad de taludes: un enfoque probabilístico
ISBN: **978-84-1545-223-2**
© Rafael Jiménez Rodríguez
COPYRIGHT © 2015 IBERGARCETA PUBLICACIONES, S.L.
© COLEGIO DE INGENIEROS DE CAMINOS, CANALES Y PUERTOS.
ISBN (Colegio de Ingenieros de Caminos, Canales y Puertos): 978-84-380-0481-4

Depósito legal: M-32493-2014.

Foto de cubierta: cortesía del autor.

Edición: 1ª.
Impresión: 1ª.
OI: 380/2016

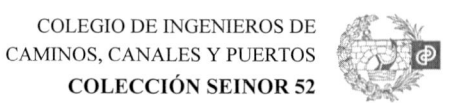

COLEGIO DE INGENIEROS DE
CAMINOS, CANALES Y PUERTOS
COLECCIÓN SEINOR 52

Dedicado a Ana,
porque lo hace todo más fácil.

Índice general

Índice de figuras

Índice de cuadros

Prólogo

La edición de un libro en papel siempre es una gran noticia. La edición de un libro científico en papel, de divulgación de los últimos avances en ingeniería de medios rocosos utilizando los enfoques probabilistas, no es solo una grandísima noticia, sino que en los momentos en los que estamos viviendo, se puede decir que es casi un milagro.

El medio natural y geográfico en el que nos movemos y en el que efectuamos nuestras obras de ingeniería es tan complejo, tan inalcanzable de conocer, que cualquier logro que se consiga debe ser celebrado. Por ello la puesta a disposición de los técnicos de herramientas útiles debe ser recibida con la alegría propia de los niños ante un nuevo descubrimiento. Pero también con la tranquilidad y maduración que supone para los profesionales la posibilidad de un mayor entendimiento en nuestro quehacer cotidiano.

Esta doble componente se produce en el ejemplar que el afortunado e interesado lector dispone en estos momentos entre sus manos.

En efecto, la Mecánica de Rocas como disciplina científica y tecnológica es tan joven, que podemos afirmar sin equivocarnos que todavía nos encontramos en los albores de su evolución. En las últimas décadas hemos podido comprobar los avances tan notables que se han producido. Cada libro que aparece en este dominio del saber representa un balón de oxígeno. Disponer de un mejor conocimiento nos proporciona un punto de apoyo donde sustentar nuestras decisiones; nos permite hacer frente a los retos que la sociedad nos plantea.

Es suficiente analizar, en este ámbito tan particular de la Ingeniería Geotécnica, la evolución y rigor de los modelos teóricos, de las herramientas prácticas, de las nuevas líneas de investigación, de los procedimientos de estudio en campo y en laboratorio, para constatar sin lugar a dudas una transformación permanente y satisfactoria. Su futuro es tan prometedor que basta con mirar hacia atrás y hacer un balance; contemplar las nociones que tenemos hoy en día y contrastarlas con las que existían hace no más de tres o cuatro décadas, para darnos cuenta del proceso tan fantástico y enriquecedor vivido.

En este sentido el enfoque matemático y científico de este texto es motivo de orgullo para todos nosotros, compañeros de su autor. Además, como se decía al principio, constituye una evidente gran noticia que nos llena de satisfacción.

Parafraseando a nuestros filósofos, el conocimiento nos hace libres; en este caso nos hace también más conscientes y más responsables de las decisiones técnicas que adoptamos día a día, en nuestro devenir profesional.

Por todo ello, enhorabuena a su autor y mil gracias a todos aquellos que lo han hecho posible.

Madrid, Noviembre de 2014.

Claudio Olalla Marañón.
Catedrático en Ingeniería del Terreno, ETSICCP - UPM.
Ex-presidente de la Sociedad Española de Mecánica de Rocas.

Capítulo 1

Introducción

Este libro estudia la estabilidad de bloques en excavaciones en macizos rocosos con discontinuidades;[1] esto es, macizos rocosos atravesados por planos de debilidad, que delimitan un ensamblado de bloques combinados en una disposición tridimensional [Goodman y Shi, 1985]. En particular, se estudian bloques potencialmente críticos para la estabilidad de la excavación, a los que se denominará *bloques-clave*. La Figura 1.1 clasifica los tipos de bloques que pueden formarse al excavar en un macizo rocoso; los "bloques-clave" son bloques *finitos*, *desplazables*, e *inestables* [Goodman y Shi, 1985].

1.1. Motivación

Las excavaciones superficiales en macizos rocosos son comunes en la ingeniería civil y minera; por ejemplo, en desmontes asociados a obras lineales o en minería a cielo abierto. Como ejemplos de excavaciones subterráneas pueden mencionarse los túneles y otras excavaciones subterráneas asociadas a infraestructuras del transporte, hidráulicas, o de la energía [Goodman, 1989].

La caída de bloques en excavaciones en roca tiene un gran impacto social y económico, lo que ha provocado intentos para reducir los costes asociados

---

[1]Se emplea *discontinuidad* para referirse a cualquier discontinuidad mecánica del macizo rocoso que "tenga resistencia a tracción nula o muy baja" [ISRM, 1978]. Por tanto, no depende de su génesis, y el término se emplea para referirse a una amplia gama de elementos, tales como planos de estratificación, grietas de tracción, juntas, fallas y zonas de falla, etc.

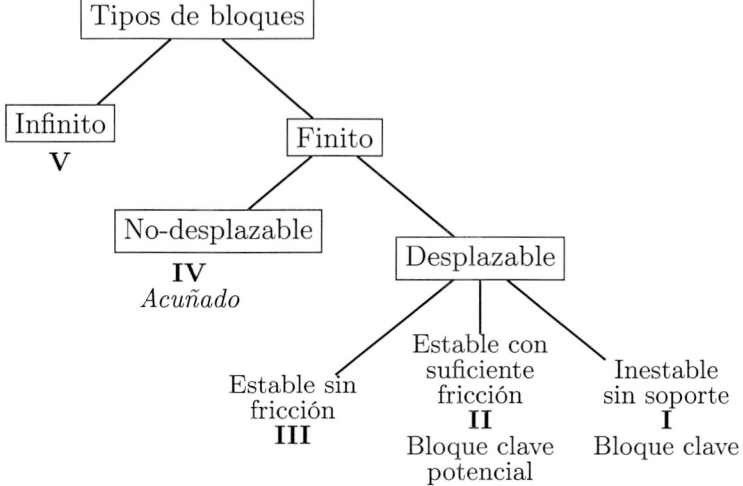

(a) Tipos de bloques [Goodman y Shi, 1985]

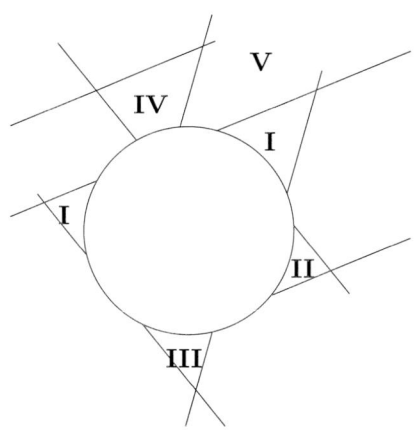

(b) Ejemplo de tipos de bloques en una excavación subterránea

Figura 1.1: Clasificación de bloques en una excavación, con ejemplos

[*véase*, por ejemplo, Spiker y Gori, 2003]. Schuster [1996] discute la importancia de los deslizamientos, muchos de los cuales corresponden a macizos rocosos, y sus consecuencias en términos económicos y de pérdida de vidas humanas en los Estados Unidos y en otros lugares; y Hoek y Bray [1981] presentan consideraciones económicas y de gestión en el contexto de la minería. La formación de bloques inestables en macizos rocosos es también fuente de peligrosidad en presas cimentadas en roca [Goodman, 2001; Hatzor y Goodman, 1997], así como en estructuras subterráneas [Barton, 2000; Hoek *et al.*, 1995].

Una de las mayores dificultades asociadas al proyecto de excavaciones en macizos rocosos discontinuos se debe a su geometría inherentemente estocástica, así como a la variabilidad e incertidumbre de sus propiedades mecánicas. Dichas incertidumbres, que se asocian frecuentemente a una investigación incompleta del macizo rocoso, sugieren la necesidad de un enfoque probabilístico. Así, por ejemplo, Hudson y Priest [1979] indican:

> «Alguna forma de enfoque estadístico ha de ser invocado para el análisis de los macizos rocosos, en parte debido a su naturaleza inherentemente estocástica, y en parte debido a que nunca puede obtenerse información completa acerca de su geometría.»

Para tratar las incertidumbres, es común recurrir a métodos racionales para estimar y gestionar riesgos; existen experiencias tanto en proyectos de ingeniería geotécnica en general [Duncan, 2000; Peck, 1969; Whitman, 1984], como de ingeniería de rocas en particular [Einstein, 1996; Roberds, 2001; Roberds *et al.*, 1997]. La Figura 1.2, modificada de Jiménez-Rodríguez [2004], muestra el proceso de toma de decisiones en un contexto de gestión del riesgo. El cálculo de la peligrosidad —esto es, la cuantificación de la probabilidad de eventos indeseados o, en definitiva, de la probabilidad de fallo— es un aspecto crucial de dicho proceso.

En este trabajo se investiga la probabilidad de formación y fallo de *bloques-clave*, y se desarrollan nuevas metodologías para considerar las incertidumbres de su caracterización geométrica y geomecánica.

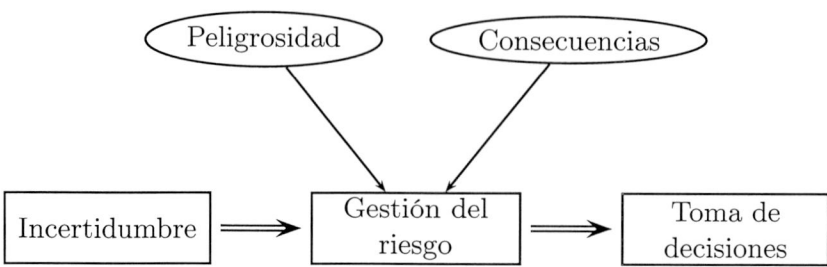

Figura 1.2: El proceso de toma de decisiones bajo condiciones de incertidumbre

1.2. La importancia de las discontinuidades

Las discontinuidades son el factor individual con mayor influencia sobre la deformabilidad, la resistencia y la permeabilidad de los macizos rocosos [Goodman, 1976; Hudson y Harrison, 1997], y han sido objeto de numerosos trabajos para caracterizar sus propiedades geométricas y mecánicas [Goodman, 1976; Hudson y Harrison, 1997; ISRM, 1978; La Pointe, 1993; Priest, 1993a].

La caracterización determinista de discontinuidades es, salvo algún caso académico (*véase*, por ejemplo, Dowd *et al.* [2009]), casi irrealizable en la práctica. Únicamente puede aspirarse a caracterizar, de modo determinista, algunas discontinuidades «singulares» por su tamaño o relevancia; para caracterizar discontinuidades «no singulares», solo son viables, en general, los métodos estocásticos. La incertidumbre en la caracterización geométrica de las discontinuidades dió lugar a los «modelos estocásticos de discontinuidades». Dershowitz y Einstein [1988] presentan una revisión completa de los métodos más importantes hasta ese momento; algunas actualizaciones posteriores emplean teorías fractales o geo-estadísticas [Kulatilake *et al.*, 1997; La~Pointe, 2002; Young, 1993], y consideran la influencia de aspectos geológicos y mecánicos en la génesis de las discontinuidades [La Pointe, 1993; Mardia *et al.*, 2007; Meyer y Einstein, 2002; Rafiee y Vinches, 2008].[2] (Para una revisión, *véase* Dowd *et al.* [2007]).

---

[2]Tales como, por ejemplo, aspectos mecánicos relacionados con la propagación de fracturas, con la influencia del campo de tensiones, con las propiedades geométricas y mecánicas de los estratos, con las relaciones jerárquicas entre las diversas familias de discontinuidades, etc.

En los modelos estocásticos de discontinuidades, el macizo rocoso se representa mediante discontinuidades "ensambladas" dentro de un volumen de roca, de modo que su naturaleza estocástica se representa mediante distribuciones estadísticas [Dershowitz y Einstein, 1988; Kulatilake *et al.*, 1993; Xu y Dowd, 2010]. Los modelos estocásticos de discontinuidades se han empleado, por ejemplo, para estudiar la formación y estabilidad de bloques inestables en excavaciones superficiales y subterráneas [Einstein, 1993; Hoerger y Young, 1990a,~b; Kuszmaul, 1999; Mauldon, 1995; Starzec y Andersson, 2002a].

El modelo estocástico de discontinuidades de Poisson es uno de los más habitualmente empleados en la práctica [Baecher *et al.*, 1977; Chan y Goodman, 1987; Dershowitz y Einstein, 1988; Hoerger y Young, 1990a,~b; La Pointe, 1993; Lyman, 2003a; Song *et al.*, 2001; Song y Lee, 2001; Warburton, 1980a; Zhang y Einstein, 2000]. En este trabajo se emplea dicho modelo porque se ha observado que en muchos casos genera patrones de fracturas que son similares a los naturales; también porque, además de su simplicidad y conveniencia matemática [Zhang *et al.*, 2002], es el mejor modelo para caracterizar muchos sistemas de fracturas naturales [Bonnet *et al.*, 2001; La Pointe, 1993].

Para poder usar los modelos estocásticos de discontinuidades en aplicaciones reales se necesita calibrarlos; dicha calibración puede realizarse a partir de observaciones en sondeos, planos de excavación, o incluso mediante métodos de simulación [Mauldon, 1998; Priest, 1993a; Song y Lee, 2001; Villaescusa y Brown, 1992; Zhang y Einstein, 1998,~ 2000]. Este libro presenta nuevas técnicas para calibrar redes estocásticas de discontinuidades. Así, el Capítulo 2 presenta una metodología para identificar familias de discontinuidades según su orientación [Jiménez, 2008; Jiménez-Rodríguez y Sitar, 2006b]; en el Capítulo 3 se emplean técnicas de estadística gráfica para estimar el tamaño de las discontinuidades de un macizo rocoso [Jiménez-Rodríguez y Sitar, 2006a]; y en el Capítulo 4 se calibran los parámetros más importantes de la red estocástica de discontinuidades mediante un procedimiento novedoso basado en los algoritmos genéticos [Jiménez y Jurado-Piña, 2012]. (La importancia de los parámetros del modelo estocástico de discontinuidades para la formación de bloques desplazables identificados en el Capítulo 5 se analiza, mediante técnicas estadísticas avanzadas, en el Capítulo 6).

1.3. La incertidumbre en las propiedades mecánicas

Además de la incertidumbre geométrica, la otra fuente principal de incertidumbre que existe al analizar la estabilidad de un talud en roca es la asociada a la caracterización de las propiedades mecánicas que influyen en el modelo — normalmente de equilibrio límite [Goodman, 1989; Goodman y Shi, 1985; Hoek y Bray, 1981; Wittke, 1990]— de estabilidad de los bloques individuales.

Tradicionalmente, en ingeniería geotécnica se han empleado enfoques *deterministas* basados en el «método observacional» [Peck, 1969], que permite actualizar los diseños conforme se observa el comportamiento de la obra [Christian *et al.*, 1994]. No obstante, dado que los conceptos de «riesgo» e «incertidumbre» son inherentes a cualquier proyecto geotécnico, cada vez más está tomando mayor relevancia el concepto de *riesgo calculado* [Casagrande, 1965]. Casagrande indica que (i) el grado de 'conocimiento' que se tenga —aunque imperfecto— debe usarse para estimar rangos de valores de las magnitudes que afectan a un problema; y (ii) que las decisiones sobre márgenes de seguridad deberían tomarse basándose en factores económicos, considerando las consecuencias de un hipotético fallo [Juang *et al.*, 1998]. Los esfuerzos recientes para analizar y gestionar los riesgos en proyectos de ingeniería de rocas [Einstein, 1996; Pine y Roberds, 2005; Roberds, 2001] (Figura 1.2) suponen una extensión de las ideas de Casagrande: el conocimiento sobre los rangos de valores que puede tomar una variable se expresa mediante distribuciones estadísticas; y los márgenes de seguridad, considerando las consecuencias del fallo, son sustituidos por el concepto de «riesgo» que combina la probabilidad de fallo con las consecuencias asociadas a dicho fallo.

En este libro se presentan técnicas para analizar la influencia de las incertidumbres en la probabilidad de fallo de bloques desplazables. Así, en el Capítulo 7 se presentan los fundamentos teóricos de los métodos de fiabilidad avanzados empleados en el trabajo —como el "*first-order reliability method*" (FORM) y los métodos de simulación— que ofrecen una herramienta atractiva para calcular la probabilidad de fallo de un «componente».

Además, en el Capítulo 8 se extienden estudios anteriores de estabilidad de taludes [Chowdhury y Xu, 1995; Christian y Baecher, 2002; Duzgun *et al.*, 2003;

Low, 1997; Low *et al.*, 1998; Oka y Wu, 1990; Tamimi *et al.*, 1989; Wang *et al.*, 2000] para analizar la fiabilidad de un talud en roca mediante una «formulación de sistemas» [Jiménez-Rodríguez *et al.*, 2006; Jiménez-Rodríguez y Sitar, 2007] que considera diversos «modos de fallo». Pero, como se muestra en el ejemplo de aplicación del Capítulo 10, y a diferencia de otros trabajos, el análisis que se propone es *cuantitativo* y por tanto aplicable de modo natural a la gestión de riesgos.

1.4. Objetivos

El objetivo principal de este libro es divulgar los avances recientes para estimar, bajo incertidumbre, la probabilidad de formación de bloques inestables en macizos rocosos. Se analizan los efectos que las incertidumbres tienen en la probabilidad de formación de bloques-clave, y se mostrará que es necesario considerar, de manera integrada, tanto la probabilidad de formación de bloques desplazables como su probabilidad de fallo. Se consideran incertidumbres en la geometría de las discontinuidades (que afecta a la formación de bloques desplazables y a su propia geometría), y también en la estabilidad de los bloques (lo que afecta a su probabilidad de fallo).

Más en concreto, el libro divulga avances recientes debidos a investigaciones en las que el autor ha participado, en los siguientes aspectos:

1. *Caracterización de la estructura de macizos rocosos:* La mecánica de rocas se enfrenta a proyectos que suponen retos cada vez mayores, en áreas tan diversas como el flujo de contaminantes a través de medios fracturados o la formación y caída de bloques en excavaciones en roca. En todos los casos, la viabilidad de un macizo rocoso para una aplicación particular está fuertemente afectada por sus discontinuidades, que será necesario caracterizar para poder proyectar con éxito.

   En este libro se presentan métodos para identificar familias de discontinuidades basadas en su orientación [Jiménez, 2008; Jiménez-Rodríguez y Sitar, 2006b]. Se analiza también la distribución de tamaños de las discontinuidades del macizo [Jiménez y Jurado-Piña, 2012; Jiménez-Rodríguez y Sitar, 2006a], ya que este es uno de los parámetros con mayor influencia en el número y tamaño de bloques potencialmente peligrosos [Hoerger y Young, 1990b; Jiménez-Rodríguez y Sitar, 2008; Starzec y Andersson, 2002a]. Asimismo, se estima la intensidad de discontinuidades en el macizo [Jiménez y Jurado-Piña, 2012]. (La intensidad indica el grado de fracturación del macizo; aquí se considera la intensidad P_{32}, expresada como área de discontinuidades por unidad de volumen [Dershowitz y Herda, 1992]).

Si bien el desarrollo de estos modelos se encuentra todavía en estado inicial, se espera que vayan cobrando cada vez mayor importancia en el futuro. Ello es debido a que los métodos tradicionales de reconocimiento en campo [Priest, 1993b] se están sustituyendo por técnicas automatizadas [Lemy y Hadjigeorgiou, 2003]; como el coste de la toma de datos se reduce significativamente, se facilita su tratamiento con los algoritmos propuestos.

2. *Predicción probabilística de la ocurrencia de bloques desplazables.* Se presenta una metodología para estimar la probabilidad de formación de bloques desplazables; esto es, bloques que pueden desplazarse hacia la excavación y que, por tanto, son susceptibles de fallar al deslizarse hacia la misma. Para ello, se emplea la teoría de bloques para identificar bloques desplazables, y se emplean técnicas avanzadas de regresión de tipo Poisson para establecer un modelo probabilístico que analiza la influencia de los diferentes parámetros en la probabilidad de formación de bloques desplazables de distintos tamaños [Jiménez-Rodríguez y Sitar, 2008].

3. *Análisis de fiabilidad de bloques desplazables.* Se presentan métodos para calcular la probabilidad de formación de *bloques inestables* —para ello se considera la probabilidad de fallo de los bloques desplazables identificados en el punto anterior— y se discuten métodos de fiabilidad avanzados que permiten considerar, de modo cuantitativo y sistemático, la influencia de las incertidumbres en los parámetros del modelo de estabilidad de bloques en su probabilidad de fallo [Jiménez-Rodríguez *et al.*, 2006; Jiménez-Rodríguez y Sitar, 2007].

4. *Ejemplos de aplicación de la metodología.* Por último, se presentan ejemplos de aplicación de la metodología para ilustrar su empleo en casos reales. Se consideran, de un modo integrado, las incertidumbres en la predicción de bloques desplazables y en el cálculo de su estabilidad [Jiménez-Rodríguez, 2004; Jiménez-Rodríguez y Sitar, 2003]; y se calculan las probabilidades de formación de bloques desplazables que, al actualizarlas con su probabilidad de fallo, producen la probabilidad de formación de *bloques inestables.*

Parte I

Caracterización de macizos rocosos

Capítulo 2

Identificación de familias de discontinuidades

2.1. Introducción

La caracterización ingenieril de un macizo rocoso lleva normalmente asociada la identificación de sus familias de discontinuidades y la caracterización de su orientación. El método más empleado se basa en contar el número de polos de las discontinuidades que resultan dentro de un círculo de referencia considerado en su representación estereográfica (en proyección hemi-esférica) [*véanse*, por ejemplo, por ejemplo, Harrison, 1992; Priest, 1985,~ 1993b]. (El polo es el vector unitario normal a una discontinuidad con dirección descendente). Sin embargo, dicho método presenta problemas debidos a errores de muestreo [Priest, 1993a; Terzaghi, 1965]; a su sensibilidad al tamaño del círculo de referencia [Harrison, 1992]; y a la subjetividad en su interpretación [Hammah y Curran, 1998; Mahtab y Yegulalp, 1982; Priest, 1993b].

Dichos problemas provocaron un interés para desarrollar técnicas alternativas. A continuación, se presentan métodos de «agrupamiento espectral» desarrollados por el autor para identificar, automáticamente, familias de discontinuidades basadas en su orientación [Jiménez-Rodríguez y Sitar, 2006b], considerando incluso la incertidumbre de las asignaciones mediante el algoritmo «*K-means* difuso» (*fuzzy K-means*) [Jiménez, 2008]. Los agrupamientos basados en algoritmos difusos presentan ventajas, ya que suelen proporcionar mejores particiones [*véase*, por ejemplo, Hammah y Curran, 1998]. Además, asignan grados de pertenencia a los diferentes grupos, informando sobre la incertidumbre de la asignación [Hammah y Curran, 1998]. Otra ventaja es que los grados de pertenencia pueden emplearse en simulaciones de Monte Carlo cuando hay otras propiedades, como el tamaño o la transmisividad, asociadas a las discontinuidades de cada familia [Munier, 2006]. Por último, permiten mejorar la representación de discontinuidades; mediante una escala de colores se indica el grado de pertenencia a cada familia de cada discontinuidad, facilitando la visualización de resultados.

2.2. Algoritmo difuso para el agrupamiento

A continuación se integran los métodos de agrupamiento espectral [Jiménez-Rodríguez y Sitar, 2006b] con el algoritmo *K-means* difuso [Jiménez, 2008]. El proceso se basa en la definición de "semejanza" (o distancia) entre las orientaciones de las discontinuidades observadas, y el objetivo del algoritmo es identificar discontinuidades "similares" que puedan asignarse a la misma familia (una vez considerada la incertidumbre de dicha asignación).

Como medida de la semajanza entre dos discontinuidades, se emplea el seno del ángulo agudo entre sus polos, ya que es fácil de calcular y se comporta adecuadamente en la práctica. No obstante, aunque la elección de una métrica adecuada es importante para el éxito de los métodos de agrupamiento tradicionales —por ejemplo, con medidas de distancia "tipo seno" y algoritmos no-espectrales, existen dificultades al considerar conjuntos con forma elíptica [*véanse* Hammah y Curran, 1998,˜ 1999; Harrison, 1992]—, el algoritmo espectral difuso no presenta problemas en ninguno de los casos de prueba considerados.

Dados los polos de N discontinuidades consideradas, que se pretenden agrupar en K familias, el método de agrupamiento espectral las transforma primero a un espacio K-dimensional. Las coordenadas en el espacio transformado se calculan usando los vectores propios principales de la «matriz de distancias normalizadas» entre dichas observaciones. Las propiedades matemáticas de dichos vectores propios hacen que las observaciones transformadas se agrupen alrededor de K puntos ortogonales en una "esfera" en un espacio K-dimensional,[1] donde será "más fácil" agruparlas mediante el algoritmo K-means difuso. (Véanse Ng et al. [2002] y Jiménez-Rodríguez y Sitar [2006b] para estudiar los detalles del método).

El algoritmo de agrupamiento espectral difuso puede resumirse en los siguientes pasos:

1. Calcular la matriz de semejanza $A \in \mathbb{R}^{N \times N}$, con elementos $A_{ij} = \exp\left(-d^2(\mathbf{x}_i, \mathbf{x}_j)/2\sigma^2\right)$ si $i \neq j$, y $A_{ii} = 0$, donde σ es un "factor de escala" definido para cada problema; y donde la distancia, $d(\mathbf{x}_i, \mathbf{x}_j)$, entre las observaciones $\mathbf{x}_i$ y $\mathbf{x}_j$ es el seno del ángulo agudo entre sus polos.

2. Definir D como la matriz diagonal cuyo elemento (i, i)-ésimo se calcula como la suma de la i-ésima fila de A, y calcular $L = D^{-1/2} A D^{-1/2}$.

3. Calcular los K mayores valores propios de L y sus vectores propios correspondientes, $\mathbf{v}_1, \mathbf{v}_2, \ldots, \mathbf{v}_K$ (elegidos de modo que sean ortogonales entre sí en caso de que haya valores propios repetidos). Agrupar dichos vectores propios por columnas, formando la matriz $V = [\mathbf{v}_1 \, \mathbf{v}_2 \, \ldots \mathbf{v}_K]$.

4. Formar la matriz U a partir de V. Para ello se normaliza cada fila de V de modo que tenga longitud unidad.

5. Agrupar las observaciones en el espacio transformado, empleando el algoritmo K-means difuso, con K familias. (Las observaciones transformadas se adjudican al grupo para el que presenten mayor grado de pertenencia).

6. Las observaciones en el espacio original se asignan al grupo al cual pertenecen los puntos correspondientes en el espacio transformado, y se asignan los grados de pertenencia calculados para cada observación en el espacio transformado a sus observaciones correspondientes en el espacio original.

---

[1]Así, por ejemplo, cuando se consideran dos familias ($K = 2$), la esfera queda reducida a un círculo, mientras que la esfera estará representada por una esfera real para $K = 3$, y para $K > 3$ tendremos la hiper-esfera de dimensión correspondiente.

2.3. Ejemplos de aplicación

2.3.1. Bases de datos de Herda *et al.* y de Hammah y Curran

A continuación se presentan los resultados del análisis con bases de datos de referencia de la literatura. En particular, se combinan los datos de la Ubicación c1904.1 de la base de datos de orientaciones de discontinuidades del MIT [Herda *et al.*, 1991], y la base de datos de Hammah y Curran [1999].

La Figura 2.1 compara las familias identificadas (se consideran dos familias de discontinuidades) al emplear el algoritmo espectral difuso y el algoritmo *K-means* difuso, que se toma como referencia. La escala de la Figura 2.1(d) representa las incertidumbres en la asignación a las distintas familias: la intensidad del sombreado indica el grado de pertenencia de las observaciones, o la certidumbre de la asignación, a cada familia.

Las Figuras 2.1(a) y 2.1(b) muestran que, en este caso, el algoritmo *K-means* difuso ordinario no tiene éxito en la identificación; mientras que la Figura 2.1(c) muestra que el método del agrupamiento espectral difuso se comporta bien, identificando con éxito las discontinuidades pertenecientes a cada familia. Además, los resultados del algoritmo espectral difuso que se propone mejoran la certidumbre de las asignaciones en relación a los otros algoritmos de referencia (compárense los niveles de sombreado de la Figura 2.1(c), con los de las Figuras 2.1(a) y 2.1(b)).

2.3.2. Base de datos del afloramiento ASM000205 (SKB, Suecia)

Para continuar con la verificación del algoritmo de agrupamiento propuesto, se emplea una base de datos con orientaciones de $N = 1,173$ discontinuidades en el afloramiento ASM000205 de la Península de Simpevarp, Suecia; dicha base de datos ha sido facilitada por la *Swedish Nuclear Fuel and Waste Management Company* (SKB) [Darcel *et al.*, 2004], y ha sido elaborada en el contexto de sus trabajos para caracterizar el macizo rocoso de esta zona —una diorita de grano muy fino— para su empleo como repositorio de residuos nucleares [SKB, 2005].

La Figura 2.2 presenta el mapa de las trazas de discontinuidades del aflora-

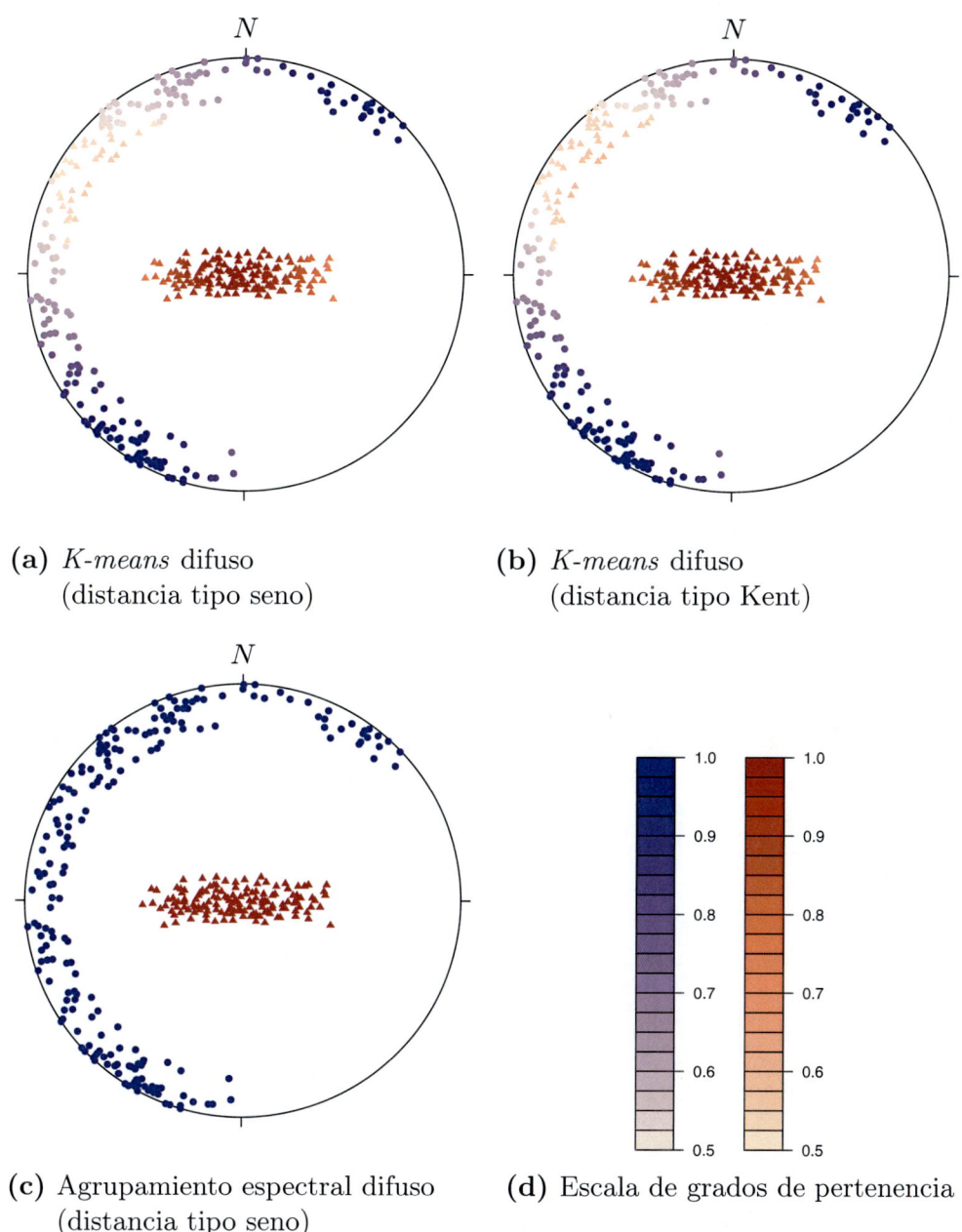

(a) *K-means* difuso
    (distancia tipo seno)

(b) *K-means* difuso
    (distancia tipo Kent)

(c) Agrupamiento espectral difuso
    (distancia tipo seno)

(d) Escala de grados de pertenencia

Figura 2.1: Comparación entre los agrupamientos obtenidos al combinar las bases de datos de Herda *et al.* [1991] y Hammah y Curran [1999]. (Jiménez [2008]; LEYENDA: • = familia 1; ▲ = familia 2)

miento. (Aunque en el afloramiento existen muchas discontinuidades pequeñas, solo se muestrearon trazas con longitud de más de aproximadamente 50 cm [Darcel *et al.*, 2004]).

Figura 2.2: Mapa de discontinuidades en el afloramiento ASM000205. (Cortesía de Raymond Munier; SKB)

En este afloramiento pueden considerarse tres familias de discontinuidades [Munier, 2004]. La Figura 2.3 muestra claramente dos familias de discontinuidades, que corresponden a las zonas de la proyección con mayor densidad de polos de discontinuidades (una con sus polos con rumbo de orientación aproximada en dirección E-O y la otra en dirección NO-SE). Los polos de la tercera familia tendrán rumbo de orientación aproximada NE-SO.

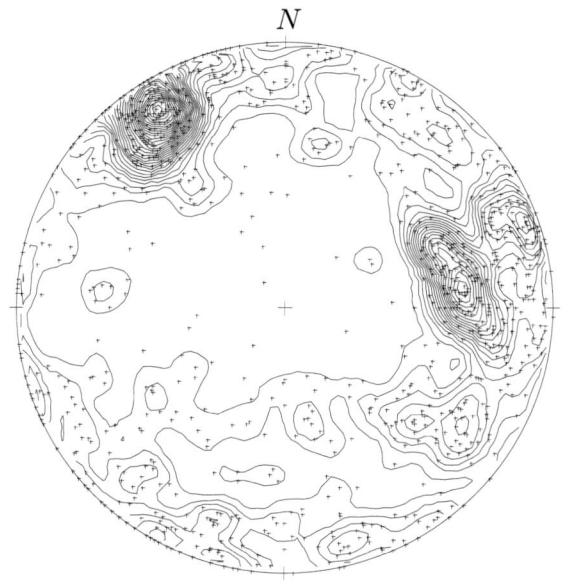

Figura 2.3: Densidad de orientaciones de los polos de discontinuidades registradas en el afloramiento ASM000205 [Jiménez, 2008]

Basándonos en la discusión anterior, se emplean tres familias de discontinuidades. La Figura 2.4 compara las particiones obtenidas con diversas técnicas de agrupamiento y $K = 3$ familias. El agrupamiento espectral difuso proporciona resultados que son, al menos, tan razonables como los de otros métodos; además, sus grados de asignación a las distintas familias son significativamente mayores que con otros métodos, lo que sugiere su menor incertidumbre. (*Véanse* los sombreados de la Figura 2.4(d)).

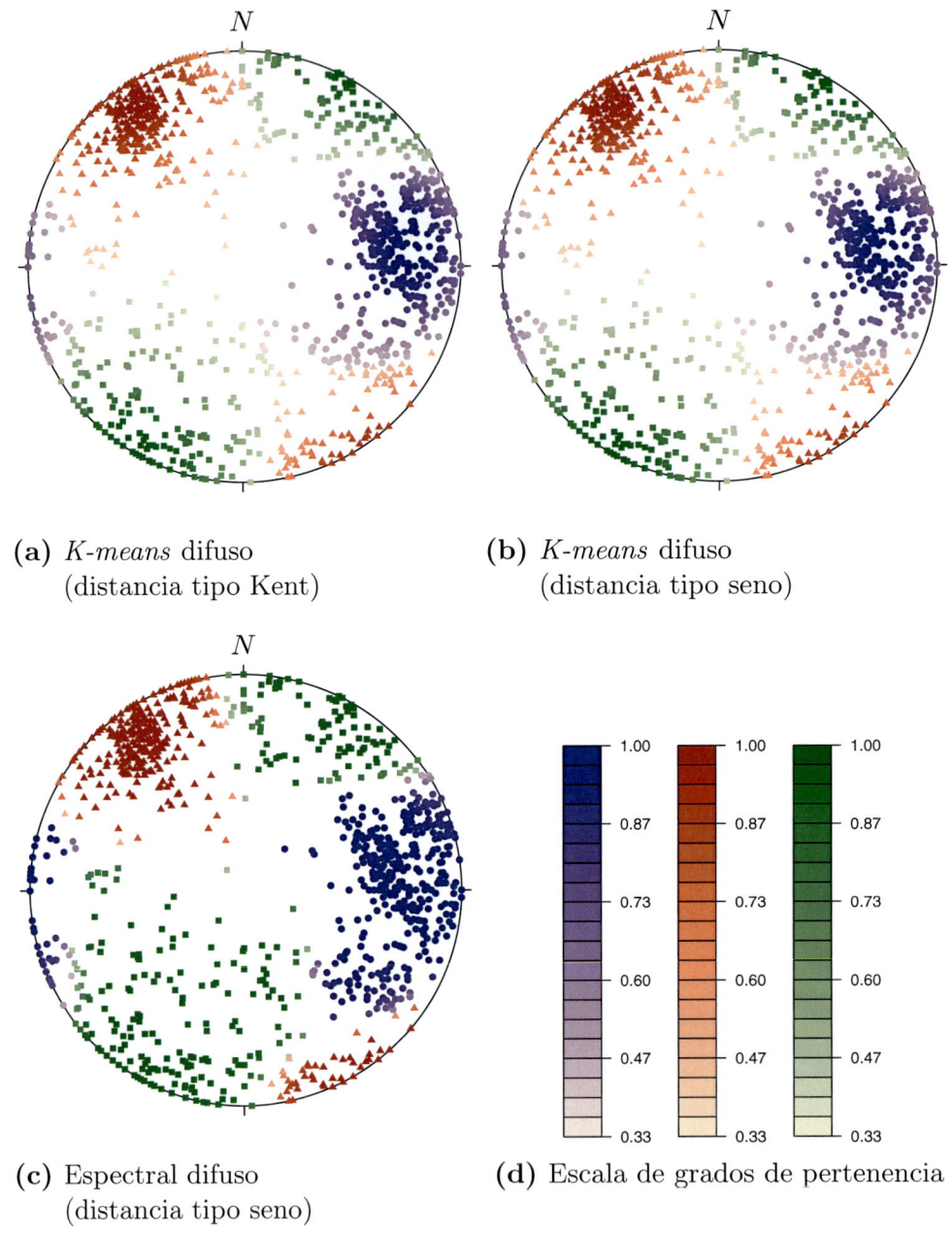

(a) K-*means* difuso
(distancia tipo Kent)

(b) K-*means* difuso
(distancia tipo seno)

(c) Espectral difuso
(distancia tipo seno)

(d) Escala de grados de pertenencia

Figura 2.4: Particiones calculadas con distintos algoritmos, considerando tres familias de discontinuidades, para el afloramiento ASM000205 [Jiménez, 2008]

Capítulo 3

Estimación de tamaños con modelos gráficos probabilísticos

3.1. Introducción

El tamaño de las discontinuidades influye mucho en la probabilidad de formación de bloques desplazables en un talud excavado en un macizo rocoso (*véase* el Capítulo 6). Por tanto, su estimación es fundamental en cualquier proyecto de excavación en ingeniería de rocas. Una dificultad importante es la imposibilidad de observar, directa y completamente, las discontinuidades en tres dimensiones, por lo que suele recurrirse a las trazas de discontinuidades observadas en afloramientos.

La Figura 3.1 representa el procedimiento para estimar los tamaños de discontinuidades a partir de sus trazas observadas; se observa que la distribución de las longitudes de las trazas es un aspecto crucial del proceso. Existen varias dificultades para la resolución del problema: la primera se debe a los errores de muestreo de las observaciones disponibles —debidos a la orientación, tamaño, truncado y censura de las muestras [Kulatilake y Wu, 1984a; Song y Lee, 2001; Terzaghi, 1965; Villaescusa y Brown, 1992; Zhang y Einstein, 1998]—; la segunda a la falta de conocimiento sobre el tipo de distribución más adecuada para cada caso particular.[1] Las distribuciones exponencial y logarítmica son las que

---

[1]Para una discusión de la importancia de las distribuciones estadísticas consideradas en la

más se emplean (*véase*, por ejemplo, Zhang y Einstein [2000]), aunque hay casos
en los que una distribución bimodal puede ser más adecuada [Laslett, 1982].

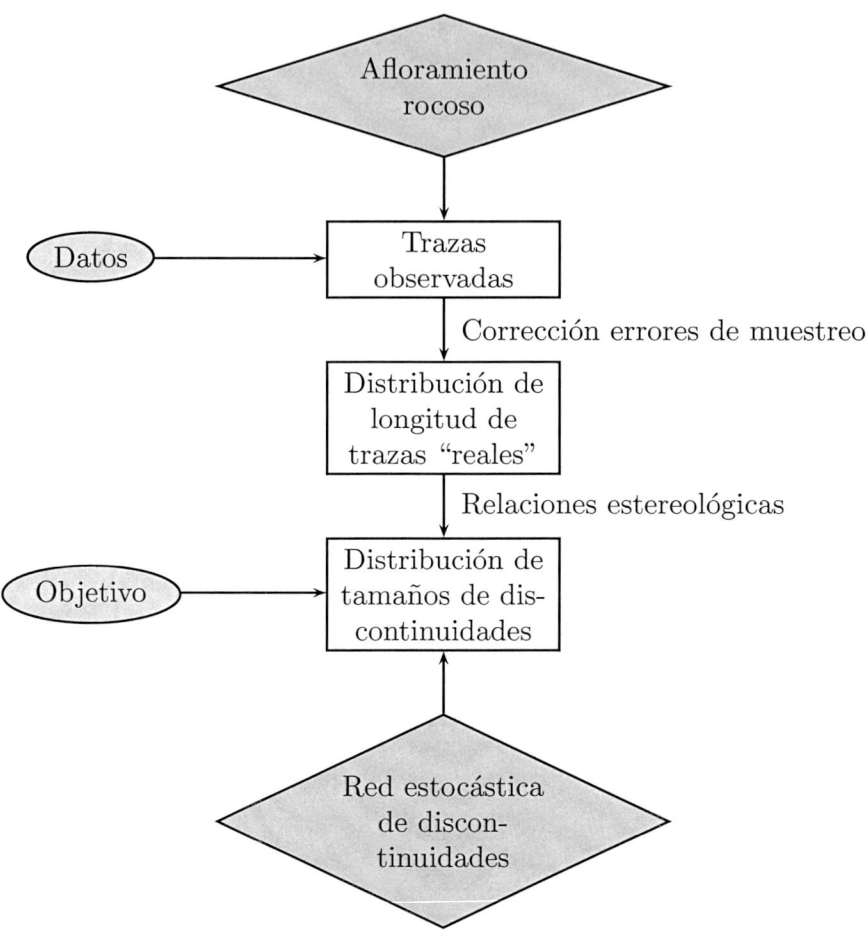

Figura 3.1: Estimación de tamaños de discontinuidades a partir de trazas
observadas en afloramientos

Para minimizar los errores de muestreo, los métodos propuestos en la literatura suelen estimar primero la distribución *observada* de las longitudes de
trazas de discontinuidades; a continuación se estiman los parámetros (normal-

probabilidad de fallo de otro problema geotécnico, *véase* Jiménez y Sitar [2009].

mente la media y la desviación típica) de dicha distribución, asumiendo que el tipo de la distribución (*real*) de longitudes de traza es el mismo [Kulatilake *et al.*, 1993; Zhang y Einstein, 2000]. Existen varios métodos para estimar la media [*véanse*, por ejemplo, Kulatilake y Wu, 1984a; Lyman, 2003a; Mauldon, 1998; Pahl, 1981; Zhang y Einstein, 1998], y suele asumirse que (i) las varianzas de las distribuciones de las longitudes de trazas *observadas* y *reales* son iguales [Kulatilake *et al.*, 1993]; o que (ii) las desviaciones típicas de ambas distribuciones son iguales [Zhang y Einstein, 2000]. Se han empleado también otros métodos para estimar la distribución de las longitudes de trazas: Villaescusa y Brown [1992] extendieron el trabajo de Warburton [1980a] mediante métodos de máxima verosimilitud [Laslett, 1982] para estimar los parámetros de la distribución de longitudes de trazas; y Lee *et al.* [1990] presentaron una idea similar para emplear observaciones de trazas conseguidas mediante muestreo dentro de un área considerada [Einstein, 1993; Lee *et al.*, 1990].

A continuación se presenta un método para estimar la distribución «real» de la longitud de trazas de discontinuidades; dicha distribución puede emplearse para estimar —mediante técnicas geométricas, estereológicas o fractales [Barthelemy *et al.*, 2009; Gupta y Adler, 2006; La~Pointe, 2002; Lyman, 2003b; Song, 2006a,~b; Tonon y Chen, 2007; Warburton, 1980a,~b; Zhang *et al.*, 2002]— los tamaños de las discontinuidades del macizo (Figura 3.1). El problema de inferencia se resuelve considerando una distribución objetivo lo suficientemente flexible para poder reproducir la distribución de longitudes de trazas real (y desconocida); en otras palabras, se parte de una *familia flexible* de distribuciones que evite tener que suponer, a priori, el tipo de distribución más adecuado.

En la metodología se emplean los métodos de estadística gráfica para representar la relaciones de dependencia (o independencia) estadística entre las variables. Con ello se corrigen los errores de muestreo asociados a la censura, así como los asociados al tamaño. Para estimar parámetros se emplea el algoritmo de expectación-maximización (EM) [Dempster *et al.*, 1977], ya que aprovecha, de modo natural y simplificando en gran medida la inferencia, la independencia estadística entre las variables del modelo.

3.2. Generación y muestreo de trazas de discontinuidades

3.2.1. Dominios de generación y muestreo

Las trazas de discontinuidades se generan dentro del «dominio de generación», y se identifican las trazas que se observarían (al menos parcialmente) dentro del «dominio de muestreo» (Figura 3.2). No obstante, las trazas observadas estarán *sesgadas* debido a la orientación, tamaño, truncado y censura de las observaciones disponibles [Kulatilake y Wu, 1984b; Song y Lee, 2001; Terzaghi, 1965; Villaescusa y Brown, 1992; Zhang y Einstein, 1998]. (Para una discusión más detallada, *véase* Zhang y Einstein [1998]).

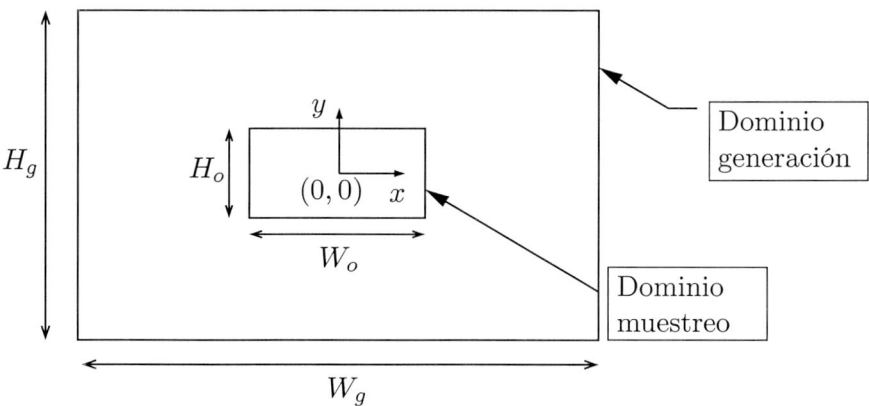

Figura 3.2: Dominios de generación y muestreo

La metodología propuesta corrige directamente los errores de muestreo debidos a la censura. Para corregir los errores debidos al tamaño de las trazas, se infiere primero la función densidad (PDF) de la distribución (con errores de muestreo) de longitudes *totales* de las trazas de discontinuidades observadas, $f'(l)$; y a partir de $f'(l)$ se estima la distribución estadística de la longitud «real» de trazas de discontinuidades, mediante:

$$f(l) = \frac{1}{\int_0^\infty \frac{f'(l)}{l+H_o}\, dl} \cdot \frac{f'(l)}{l+H_o}. \qquad (3.1)$$

3.2.2.   Intersección de discontinuidades con el dominio de muestreo

Para calcular la intersección de las discontinuidades con el dominio de muestreo, que da lugar a las «trazas de discontinuidades», puede emplearse la formulación propuesta por Chan [1987]. Dado que se consideran discontinuidades circulares en el contexto del modelo de discos de Poisson, el objetivo es calcular la intersección entre un disco, i, y una superficie plana de excavación definida por su vector normal, n_f, y la distancia (con signo) desde el plano al origen, d_f.[2] Se considera que el disco está contenido en un plano cuyo vector normal es n_i, y se asume que su radio es r_i. Dado el centro del disco, C_i, pueden calcularse los puntos extremos de la traza de intersección, $I_{i,1}$ e $I_{i,2}$, entre el disco y la excavación, mediante el sistema de ecuaciones que resulta al aplicar las siguientes condiciones geométricas (*véase* la Figura 3.3):

1. Los puntos de intersección se sitúan en el plano que contiene al disco i:

$$I_i \cdot n_i = d_i, \tag{3.2}$$

   donde d_i es la distancia (con signo) desde el origen a dicho plano.

2. Los puntos de intersección se sitúan en la superficie de la excavación:

$$I_i \cdot n_f = d_f, \tag{3.3}$$

3. Los puntos de intersección se sitúan en la superficie de una esfera de centro C_i y radio r_i:

$$\|I_i - C_i\| = r_i. \tag{3.4}$$

Si el sistema definido por las ecuaciones (3.2) a (3.4) tiene soluciones reales, significa que la discontinuidad intersecta a la superficie de la excavación, formando una traza con extremos $I_{i,1}$ y $I_{i,2}$; una solución imaginaria indica que no existe intersección entre el disco y el plano de la excavación.

---

[2]La distancia, d_π, del origen al plano π con normal n_π se define como la distancia *ortogonal* desde el origen al plano, con el siguiente criterio de signos: $d_\pi > 0$ si el origen está en el semi-espacio señalado por n_π, y $d_\pi < 0$ si está en el otro semi-espacio, con $d_\pi = 0$ si el plano pasa por el origen.

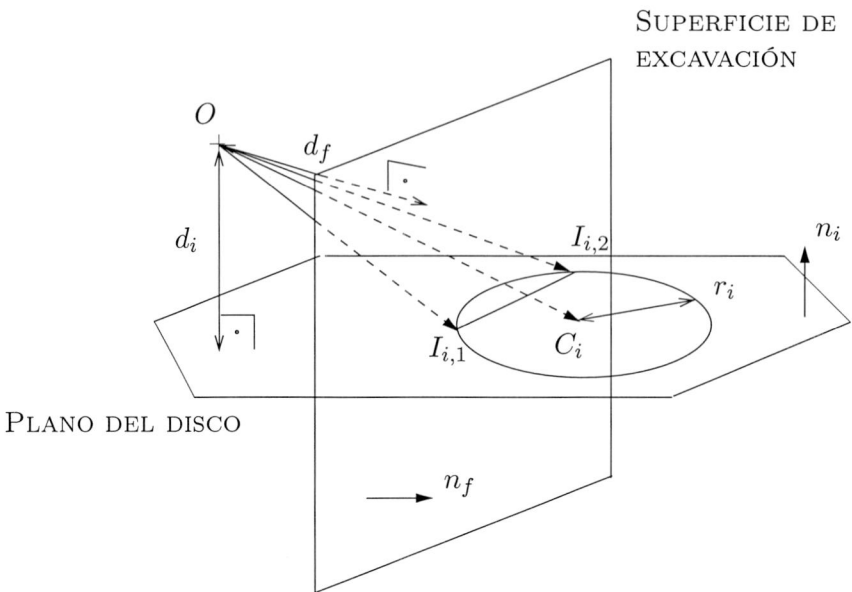

Figura 3.3: Identificación de los puntos extremos de la traza de intersección entre una discontinuidad y el plano de excavación. (Modificado de Chan [1987])

3.3. Modelo gráfico probabilístico

Para la inferencia, se proponen distribuciones «objetivo» compuestas por "mezclas" de varias distribuciones más simples. Para una distribución con K componentes, se tiene:

$$f'(l|\Theta) = \sum_{i=1}^{K} \pi_i f'_i(l|\theta_i), \tag{3.5}$$

donde $\pi \equiv (\pi_1, \dots, \pi_K)$ es el "peso" de cada componente, con $\pi_i \geq 0$ y $\sum_{i=1}^{K} \pi_i = 1$; y donde $\theta \equiv (\theta_1, \dots, \theta_K)$ son los parámetros de la distribución correspondiente. ($\Theta \equiv (\pi, \theta)$ representa, por tanto, el conjunto de parámetros del modelo).

Cada traza observada se asocia a una serie de variables aleatorias. (*Véase* la Figura 3.4(a)). Así, Z indica el componente de la distribución objetivo al cual se asigna cada traza; y L representa la longitud *total* de la traza (debido a su censura, L no es conocida en general). Del mismo modo, L_o representa la longitud *observada* de la traza; y C representa las condiciones de censura correspondientes.

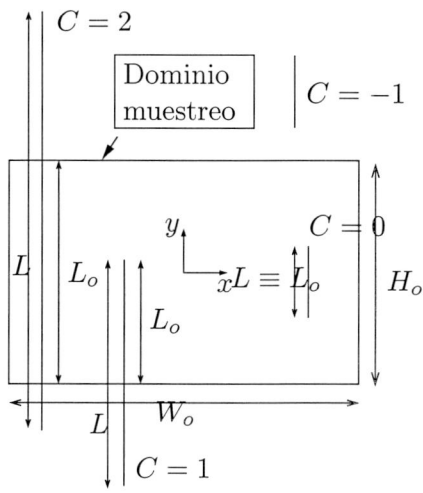

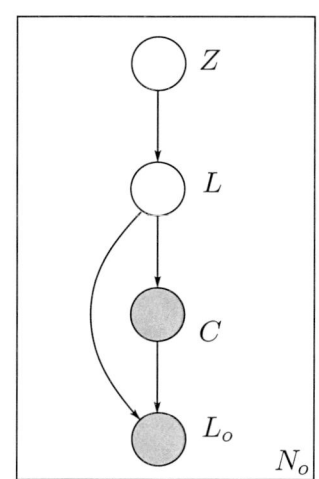

(a) Variables aleatorias consideradas

(b) Modelo gráfico probabilístico

Figura 3.4: Descripción probabilísta de la estimación de la distribución de longitudes de trazas [Jiménez-Rodríguez y Sitar, 2006a]

En el modelo gráfico de la Figura 3.4(b), los segmentos que unen a las variables denotan su dependencia estadística. Los nodos sombreados indican variables observadas, mientras que los nodos no sombreados indican variables no observadas. La muestra está compuesta por N_o trazas observadas, con variables independientes e idénticamente distribuidas [Jiménez-Rodríguez *et al.*, 2005], y se dispone de un conjunto de observaciones, $\mathcal{D}_o$, relativas a las longitudes de traza, l_0, y a sus condiciones de censura, c.

3.4. Estimación de máxima verosimilitud

El algoritmo EM [Dempster *et al.*, 1977; Jordan, 2003] proporciona estimadores de máxima verosimilitud para los parámetros de modelos gráficos probabilísticos con variables no observadas. Su aplicación a la estimación de la distribución de longitudes de trazas de discontinuidades ha sido resuelta por Jiménez-Rodríguez y Sitar [2006a], donde pueden encontrarse detalles adicionales al resumen que se presenta a continuación.

Si tuvieramos observaciones de todas las variables del modelo en $\mathcal{D}_c$, la log-verosimilitud *completa* sería,

$$l_c(\Theta, \mathcal{D}_c) = \log p(\mathcal{D}_c|\Theta) = \sum_{i=1}^{N_0} \log p(z, l, c, l_0|\Theta). \tag{3.6}$$

Pero, como las observaciones son sesgadas (y, por tanto, $\mathcal{D}_c$ no es conocido completamente), el algoritmo EM emplea una función auxiliar —la función de log-verosimilitud esperada— que es una *cota inferior* de la función de log-verosimilitud (incompleta) a maximizar, $l(\Theta, \mathcal{D}_o)$, definida como:

$$l(\Theta, \mathcal{D}_o) = \log p(\mathcal{D}_o|\Theta) = \sum_{i=1}^{N_0} \log p(c, l_0|\Theta). \tag{3.7}$$

El algoritmo EM usa también una función auxiliar, $q(z, l|c, l_0)$, para calcular la esperanza de la log-verosimilitud (completa) con respecto a las variables no observadas, como:

$$< l_c(\Theta, \mathcal{D}_0) >_q = \sum_{i=1}^{N_0} \sum_z \int_l q(z, l|c, l_0) \log p(z, l, c, l_0|\Theta) dl, \tag{3.8}$$

y, la función auxiliar que es cota inferior de $l(\Theta, \mathcal{D}_0)$ viene dada por:

$$\mathcal{L}(q, \Theta) = \sum_{n=1}^{N_o} \sum_z \int_l q(z, l|c, l_0) \log \frac{p(z, l, c, l_0|\Theta)}{q(z, l|c, l_o)} dl. \tag{3.9}$$

En definitiva, el algoritmo EM puede resumirse en:

Paso-E:

$$q^{(t+1)} = \arg\max_q \mathcal{L}(q, \Theta^{(t)}), \tag{3.10}$$

Paso-M:

$$\Theta^{(t+1)} = \arg\max_\Theta \mathcal{L}(q^{(t+1)}, \Theta). \tag{3.11}$$

Esto es, el algoritmo asciende en el valor de $\mathcal{L}(q, \Theta)$ en cada iteración. El paso M equivale a maximizar la función de log-verosimilitud esperada con respecto a Θ. En el paso E, la solución viene dada por $q^{(t+1)} \equiv p(z, l|c, l_o, \Theta^{(t)})$; dicha solución iguala los valores de $\mathcal{L}(\cdot, \cdot)$ y $l(\cdot; \cdot)$, asegurando que la solución obtenida es, en efecto, una solución de máxima verosimilitud.

3.5. Distribuciones de probabilidad condicional

Para obtener $\mathcal{L}(q, \Theta)$ en la Ecuación (3.9), se necesita calcular la probabilidad $p(z, l, c, l_o|\Theta)$, donde Θ es el conjunto de parámetros de la distribución de longitudes de traza que queremos estimar, $f'(l)$. Dicha distribución puede factorizarse al considerar las relaciones de independencia entre las variables del modelo, obteniendo:

$$p(z, l, c, l_o|\Theta) = \left(\prod_{i=1}^{K} \left[\pi_i f_i'(l|\theta_i) \right]^{z^i} \right) p(c|l)\, p(l_o|c, l), \qquad (3.12)$$

donde $f_i'(l|\theta_i)$ es la función densidad del componente i de $f'(l)$; y donde $p(c|l)$ y $p(l_o|c, l)$ pueden obtenerse mediante consideraciones geométricas. (Para detalles de la derivación, *véase* [Jiménez-Rodríguez y Sitar, 2006a]). Así, por ejemplo, para trazas censuradas en uno de sus lados únicamente, dichas distribuciones vienen definidas por:[3]

$$p(C = 1|l) = \begin{cases} \frac{2l}{H_o + l} & \text{si } 0 \leq l_o \leq l;\ l < H_o \\ \frac{2H_o}{H_o + l} & \text{si } 0 \leq l_o < H_o;\ l \geq H_o \\ 0 & \text{en otro caso,} \end{cases}$$

$$p(l_o|C = 1, l) = \begin{cases} \frac{1}{l} & \text{si } 0 \leq l_o \leq l;\ l < H_o \\ \frac{1}{H_o} & \text{si } 0 \leq l_o < H_o;\ l \geq H_o \\ 0 & \text{en otro caso.} \end{cases} \qquad (3.13)$$

Al considerar la independencia estadística entre Z, C y L_o, se obtiene que $q(z, l|c, l_o, \Theta)$ viene dada por:

$$q(z, l|c, l_o, \Theta) = p(z|l, \Theta)\, p(l|c, l_o, \Theta), \qquad (3.14)$$

---

[3]Se asume que las trazas se distribuyen uniformemente dentro del dominio de generación.

donde $p(z|l, \Theta)$ se obtiene usando el teorema de Bayes, y $p(l|c, l_o, \Theta)$ mediante la definición de probabilidad condicional. Resulta:

$$p(Z^i = 1|l, \Theta) = \frac{\pi_i f'(l|\theta_i)}{f'(l|\Theta)}, \tag{3.15}$$

y

$$p(l|c, l_o, \Theta) = \frac{p(l, c, l_o|\Theta)}{\int_0^\infty p(l, c, l_o|\Theta)dl}, \tag{3.16}$$

con $p(l, c, l_o|\Theta) = p(l|\Theta)p(c|l)p(l_o|c, l)$.

3.6.   Optimización en el paso M

La función de log-verosimilitud esperada que se maximiza en el paso M es:

$$\langle l_c(\Theta; \mathcal{D}_o)\rangle_q = \sum_{n=1}^{N_o} \sum_z \int_l q(z, l|c, l_o, \Theta) \log p(z, l, c, l_o|\Theta)dl. \tag{3.17}$$

Al sustituir $p(z, l, c, l_o|\Theta)$ y $q(z, l|c, l_o, \Theta)$ (*véase* la Sección 3.5) en la Ecuación (3.17), se obtiene:

$$\langle l_c(\Theta; \mathcal{D}_o)\rangle_q = \sum_{n=1}^{N_o} \sum_z \int_l p(z|l, \Theta^{(t)})\, p(l|c, l_o, \Theta^{(t)})$$
$$\cdot \left(\sum_{i=1}^K z^i \log\left(\pi_i^{(t+1)} f_i'(l|\theta_i^{(t+1)}) \right) + \log p(c|l) + \log p(l_o|c, l) \right) dl, \tag{3.18}$$

donde $\Theta^{(t)}$ es el conjunto de parámetros estimados en el paso anterior, y $\Theta^{(t+1)}$ son los parámetros a obtener que maximizan la log-verosimilitud esperada en el paso M actual. Como $\Theta^{(t+1)}$ solo aparece en el primer término de la expresión entre paréntesis de la Ecuación (3.18), resulta que hay que maximizar los siguiente:

$$\sum_{n=1}^{N_o} \int_l p(l|c, l_o, \Theta^{(t)}) \sum_{i=1}^K p(Z^i = 1|l, \Theta^{(t)}) \log\left(\pi_i^{(t+1)} f_i'(l|\theta_i^{(t+1)}) \right) dl. \tag{3.19}$$

Se observa, por tanto, que el algoritmo EM maximiza la función de log-verosimilitud con respecto a $\Theta^{(t+1)}$ de un modo «desacoplado», ya que los parámetros aparecen en distintos sumandos en la Ecuación (3.19). Esto reduce significativamente la dimensión de la optimización: en lugar de obtener $\Theta^{(t+1)}$ en un único problema de gran tamaño, se resuelven K sub-problemas más sencillos. Pero esta no es la única ventaja del algoritmo EM; otras ventajas con que (i) pueden obtenerse analíticamente los $\pi^{(t+1)}$ óptimos en cada paso, independientemente de qué tipo de distribución tengan los componentes de la distribución objetivo; y (ii) que pueden derivarse soluciones analíticas para optimizar en el paso M cuando se emplean ciertos tipos de distribución en la distribución objetivo como, por ejemplo, la distribución normal.

3.7. Ejemplos de aplicación

A continuación se muestra el comportamiento del algoritmo EM. Se comienza con un modelo simplificado de una sola distribución objetivo, generalizándolo posteriormente para considerar "mezclas" de distribuciones estadísticas; y considerando diversos valores de los parámetros de la distribución y de la intensidad volumétrica de fracturación. Se emplea un dominio de muestreo rectangular, con dimensiones $W_o = 150\,\text{m}$ y $H_o = 50\,\text{m}$ y un dominio de generación que es diez veces mayor. (Con ello se consigue que los efectos de borde sean despreciables).

3.7.1. Distribución objetivo con una única lognormal

La Figura 3.5 muestra los parámetros estimados para cada simulación; se muestran también los parámetros de la generación (líneas sólidas) y el valor medio de los parámetros estimados (líneas discontinuas). La variabilidad de los parámetros estimados aumenta al aumentar el tamaño de las trazas (esto es, conforme aumenta el error de muestreo debido a la censura), y disminuye al aumentar la intensidad (esto es, conforme se observan más trazas). El Cuadro 3.1 presenta las varianzas y los coeficientes de variación de los parámetros de la distribución lognormal considerada; y la Figura 3.6 compara la distribución empleada para la generación de trazas (líneas sólidas) con la inferida mediante el algoritmo EM con la información proporcionada por las mismas (líneas discontinuas). Las capacidades de inferencia son buenas, y la distribución inferida reproduce muy bien a la original.

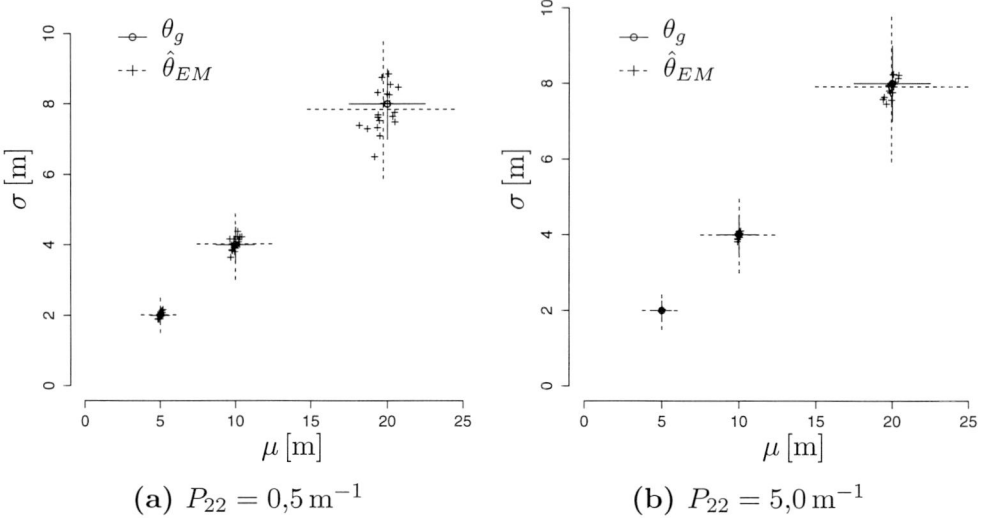

(a) $P_{22} = 0{,}5\,\mathrm{m}^{-1}$ (b) $P_{22} = 5{,}0\,\mathrm{m}^{-1}$

Figura 3.5: Parámetros inferidos con una distribución lognormal [Jiménez-Rodríguez y Sitar, 2006a]

La Figura 3.7 muestra la evolución de la función auxiliar en varias iteraciones del algoritmo EM. (La función de log-verosimilitud se representa mediante una superficie con bordes discontinuos, y la función auxiliar mediante una superficie sólida; también se representan los máximos de ambas). La función auxiliar es una cota inferior de la log-verosimilitud de modo que, al converger, su máximo coincide con el de la función log-verosimilitud, proporcionando por tanto un máximo local.

Por último, se presenta la convergencia del algoritmo, con respecto a los parámetros estimados y con respecto a los valores de la función auxiliar. La Figura 3.8(a) muestra un ejemplo de la evolución de los parámetros estimados en cada interación del algoritmo EM. (El conjunto inicial de parámetros se indica mediante una línea continua, y los parámetros estimados mediante una línea discontinua). Finalmente, la Figura 3.8(b) muestra la convergencia

Cuadro 3.1: Cálculo de parámetros estimados, y de su variabilidad, cuando una distribución lognormal se emplea para la generación y como objetivo [Jiménez-Rodríguez y Sitar, 2006a]

μ_g [m]	$E\left(\hat{\mu}_{EM}\right)$ [m]	$\mathrm{Var}\left(\hat{\mu}_{EM}\right)$ [m²]	$\delta(\hat{\mu}_{EM})$	σ_g [m]	$E\left(\hat{\sigma}_{EM}\right)$ [m]	$\mathrm{Var}\left(\hat{\mu}_{EM}\right)$ [m²]	$\delta(\hat{\mu}_{EM})$
5.00	5.01	0.01	0.04	2.00	2.02	0.01	0.06
10.00	9.99	0.05	0.07	4.00	4.02	0.03	0.09
20.00	19.72	0.42	0.15	8.00	7.85	0.36	0.21

(a) $P_{22} = 0{,}5\,\mathrm{m}^{-1}$

μ_g [m]	$E\left(\hat{\mu}_{EM}\right)$ [m]	$\mathrm{Var}\left(\hat{\mu}_{EM}\right)$ [m²]	$\delta(\hat{\mu}_{EM})$	σ_g [m]	$E\left(\hat{\sigma}_{EM}\right)$ [m]	$\mathrm{Var}\left(\hat{\mu}_{EM}\right)$ [m²]	$\delta(\hat{\mu}_{EM})$
5.00	4.99	0.00	0.02	2.00	1.99	0.00	0.03
10.00	9.98	0.01	0.04	4.00	4.01	0.01	0.04
20.00	20.01	0.17	0.09	8.00	7.99	0.24	0.17

(b) $P_{22} = 1{,}0\,\mathrm{m}^{-1}$

μ_g [m]	$E\left(\hat{\mu}_{EM}\right)$ [m]	$\mathrm{Var}\left(\hat{\mu}_{EM}\right)$ [m²]	$\delta(\hat{\mu}_{EM})$	σ_g [m]	$E\left(\hat{\sigma}_{EM}\right)$ [m]	$\mathrm{Var}\left(\hat{\mu}_{EM}\right)$ [m²]	$\delta(\hat{\mu}_{EM})$
5.00	4.99	0.00	0.02	2.00	2.00	0.00	0.02
10.00	9.99	0.01	0.04	4.00	3.99	0.01	0.05
20.00	19.93	0.11	0.07	8.00	7.96	0.12	0.12

(c) $P_{22} = 2{,}0\,\mathrm{m}^{-1}$

μ_g [m]	$E\left(\hat{\mu}_{EM}\right)$ [m]	$\mathrm{Var}\left(\hat{\mu}_{EM}\right)$ [m²]	$\delta(\hat{\mu}_{EM})$	σ_g [m]	$E\left(\hat{\sigma}_{EM}\right)$ [m]	$\mathrm{Var}\left(\hat{\mu}_{EM}\right)$ [m²]	$\delta(\hat{\mu}_{EM})$
5.00	5.00	0.00	0.01	2.00	2.00	0.00	0.02
10.00	10.01	0.00	0.02	4.00	3.99	0.01	0.04
20.00	19.95	0.07	0.06	8.00	7.91	0.05	0.08

(d) $P_{22} = 5{,}0\,\mathrm{m}^{-1}$

en log-verosimilitud. La convergencia es rápida en ambos casos: normalmente se obtienen valores muy similares a la solución asintótica en menos de diez iteraciones.

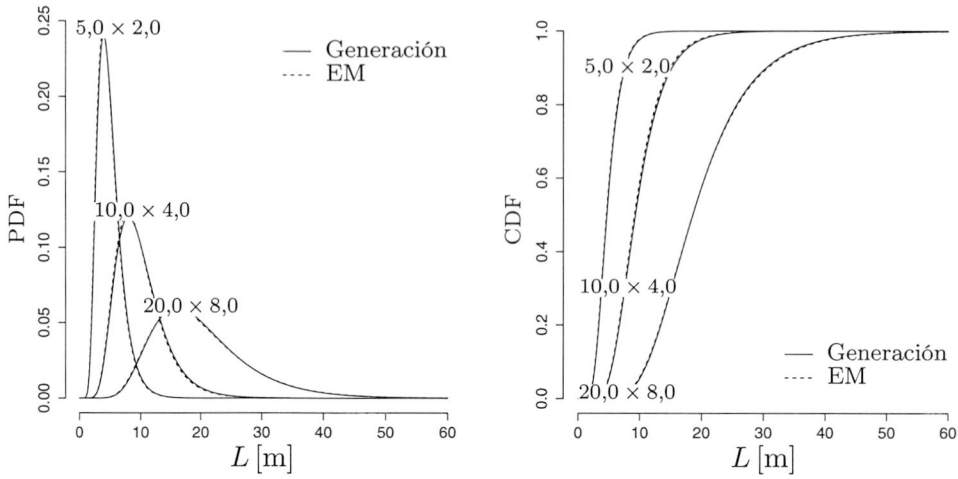

Figura 3.6: Comparación entre distribuciones de generación e inferidas en el caso lognormal (Jiménez-Rodríguez y Sitar [2006a]; $P_{22} = 2,0\,\mathrm{m}^{-1}$)

3.7.2. Distribución objetivo «mezcla» de normales

A continuación, se discute el comportamiento del algoritmo cuando se emplea la distribución tipo "mezcla" propuesta en la Figura 3.4(b) para inferir la distribución de las longitudes de traza en un afloramiento. Se emplean componentes con distribución normal; de este modo pueden obtenerse expresiones analíticas para la optimización en el paso M, evitando la necesidad de optimización numérica y reduciendo el coste computacional.

En la Figura 3.9 se muestran la función densidad (PDF) y de probabilidad acumulada (CDF) de la distribución para generar trazas de discontinuidades. (Sus parámetros se muestran en el Cuadro 3.2). Dicha distribución está compuesta por cuatro componentes con distribución lognormal, y se generan trazas hasta un valor de intensidad $P_{22} = 5,0\,\mathrm{m}^{-1}$ (esto es, $N_o \approx 2160$). En la Figura 3.9 se muestra un ejemplo de los resultados obtenidos al usar una distribución objetivo con $K = 8$ componentes con distribución normal, y se comparan las funciones PDF y CDF originales con las inferidas mediante el algoritmo EM, una vez empleada la corrección de la Ecuación (3.1). Asimismo, la Figura 3.10 muestra los valores de la función auxiliar obtenidos en cada iteración del algoritmo EM para el caso mostrado en la Figura 3.9. Los resultados muestran que la

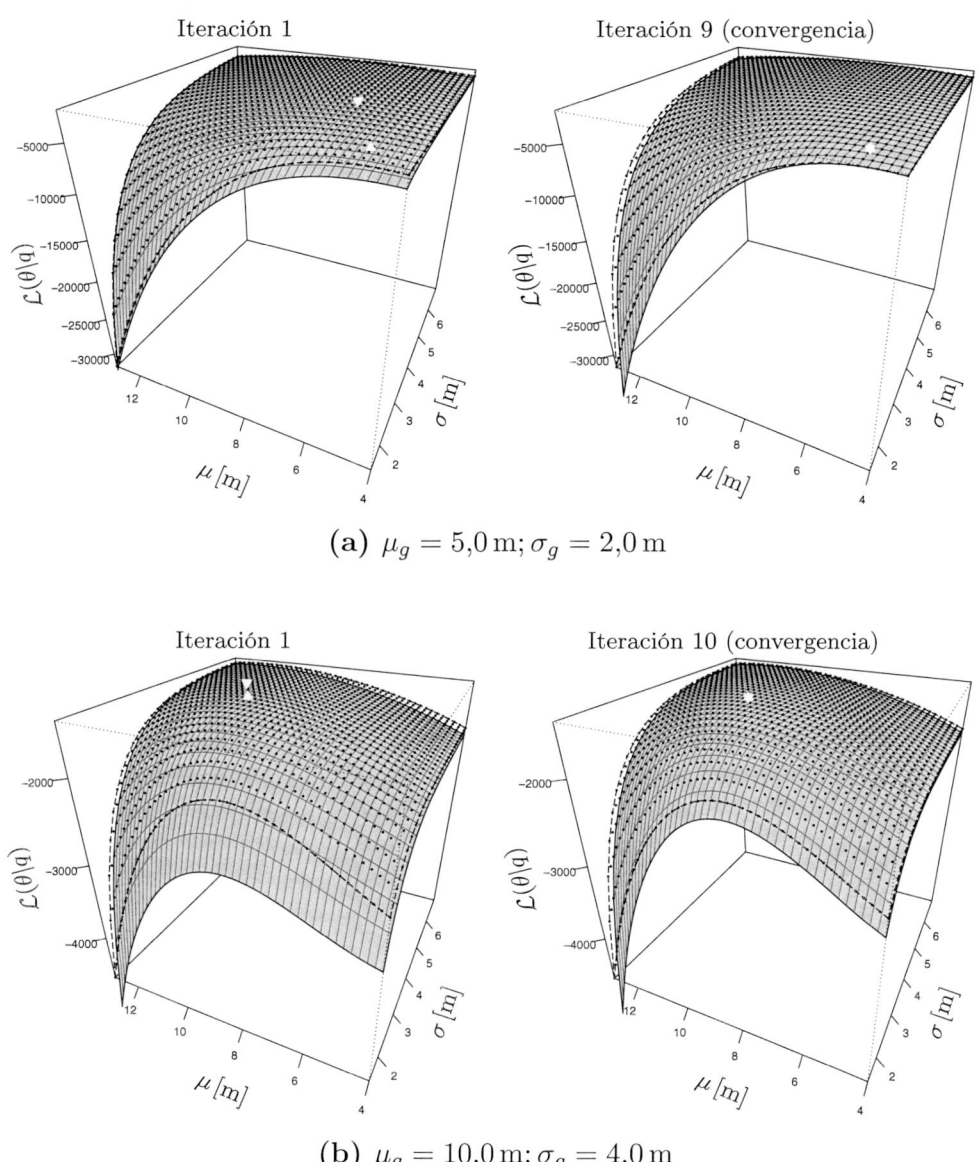

(a) $\mu_g = 5{,}0\,\text{m}; \sigma_g = 2{,}0\,\text{m}$

(b) $\mu_g = 10{,}0\,\text{m}; \sigma_g = 4{,}0\,\text{m}$

Figura 3.7: Ejemplos de evolución de las funciones auxiliares en diversas iteraciones del algoritmo EM, y sus relaciones con la log-verosimilitud (Jiménez-Rodríguez y Sitar [2006a]; $P_{22} = 0{,}5\,\text{m}^{-1}$)

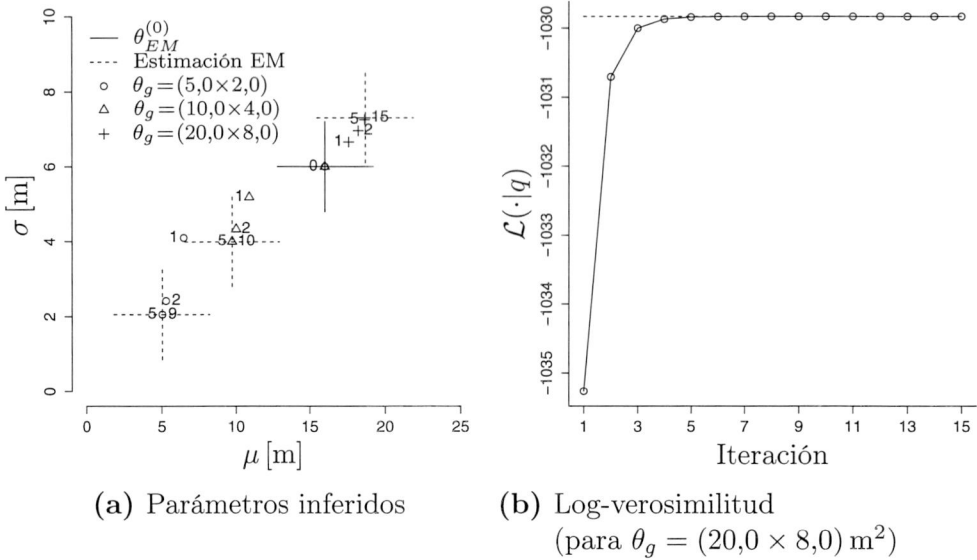

(a) Parámetros inferidos   (b) Log-verosimilitud
                              (para $\theta_g = (20{,}0 \times 8{,}0)\,\mathrm{m}^2$)

Figura 3.8: Convergencia en el caso de la distribución lognormal (Jiménez-Rodríguez y Sitar [2006a]; $P_{22} = 0{,}5\,\mathrm{m}^{-1}$)

capacidad de inferencia del método es buena; asimismo, se observa que la convergencia del método es rápida, y que se obtienen valores de log-verosimilitud muy similares al valor máximo asintótico después de solo unas quince o veinte iteraciones.

Cuadro 3.2: Componentes de la distribución usada para generar trazas de discontinuidades [Jiménez-Rodríguez y Sitar, 2006a]

Componente	Tipo	Parámetros		
i		π_i	μ_i [m]	σ_i [m]
1	Lognormal	0.25	9.0	4.0
2	Lognormal	0.15	20.0	4.0
3	Lognormal	0.30	31.0	3.0
4	Lognormal	0.30	40.0	4.0

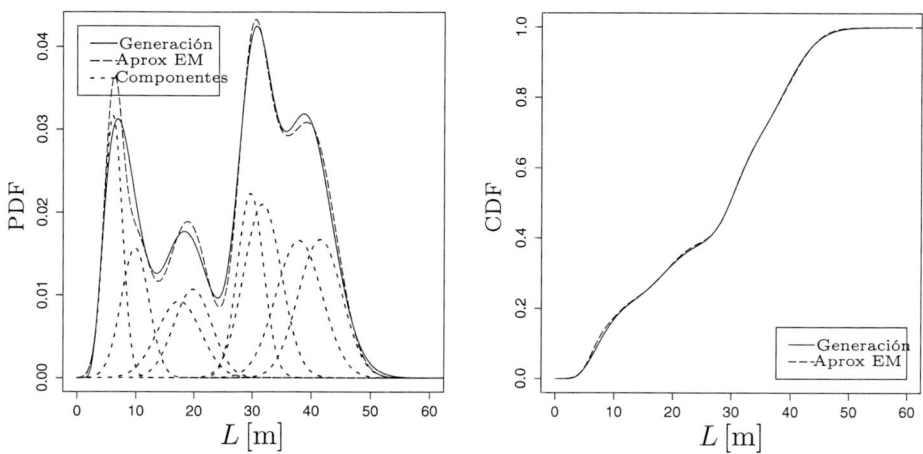

Figura 3.9: Ejemplo de resultados obtenidos (Jiménez-Rodríguez y Sitar [2006a]; $K = 8$; $P_{22} = 5{,}0\,\text{m}^{-1}$; $N_o/K \approx 270$)

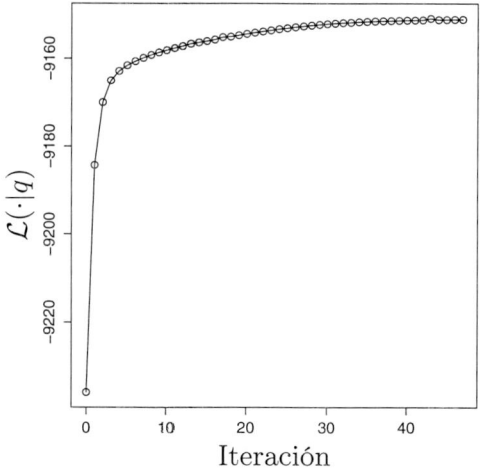

Figura 3.10: Evolución de los valores máximos de la función auxiliar con respecto al número de iteraciones del algoritmo EM [Jiménez-Rodríguez y Sitar, 2006a]

Capítulo 4

Calibración de redes estocásticas de discontinuidades

4.1. Introducción

Este capítulo presenta una metodología basada en los algoritmos genéticos (AG) para estimar parámetros de las redes estocásticas de discontinuidades [Jiménez y Jurado-Piña, 2012]. Los algoritmos genéticos son un tipo de «algoritmos evolutivos» basados en la biología evolutiva y la selección natural [Goldberg, 1989; Mitchell, 1996]. Una aplicación inicial en problemas geotécnicos se debe a Simpson y Priest [1993]; posteriormente se han empleado para otros muchos problemas geotécnicos como, entre otros, la estabilidad de taludes y la calibración de modelos constitutivos [Cui y Sheng, 2005; Fahd y Jiménez, 2008; Guan et al., 2009; Jurado-Piña y Jiménez, 2014; Wan et al., 2005; Zolfaghari et al., 2005].

Los algoritmos genéticos modifican los individuos de una población que representan (mediante una codificación adecuada) las posibles soluciones a un problema. El proceso es semejante a la selección natural, mejorándose la adaptación de los individuos conforme avanzan las generaciones. (Dicha mejora se produce al cambiar su secuencia genética o «genotipo»; lo que afecta, a su vez, a las manifestaciones externas de dicho genotipo, conocidas como «fenotipo»). Tal como pasa en la naturaleza, se consigue que, a medida que se producen nuevas generaciones, los genes que producen "buenas" soluciones sean más comunes, y viceversa. Para ello se usan operaciones que mimetizan las operaciones biológicas de reproducción, cruce y mutación. A continuación, se presentan las características más importantes de los algoritmos genéticos, así como una posible implementación.[1] Se presentan también los fundamentos del modelo de Poisson de redes estocásticas de discontinuidades, que es el elegido para la validación numérica de la metodología propuesta.

4.2.   El modelo de Poisson para generación estocástica de discontinuidades

Como se ha mencionado en el Capítulo 1, el modelo estocástico de discos de Poisson es un modelo habitual en la Ingeniería de Rocas que ha sido empleado con éxito para gran número de aplicaciones, ya que, a menudo, es el más adecuado en la práctica al producir redes de discontinuidades muy similares a las naturales [Bonnet *et al.*, 2001; La Pointe, 1993]. No obstante, dicha selección no es más que una hipótesis de trabajo, y habrá casos en que otro tipo de modelos —basados, por ejemplo, en leyes fractales [*véanse* Bonnet *et al.*, 2001; La~Pointe, 2002]— serán preferibles.[2] En cualquier caso, elegir un modelo estocástico de discontinuidades introduce suposiciones de partida que pueden limitar la validez de un análisis. Será por tanto responsabilidad del proyectista comprobar que el macizo rocoso de cada proyecto pueda ser adecuadamente modelizado mediante el modelo estocástico de discontinuidades empleado.

El modelo estocástico de discos de Poisson estipula que los centros de las discontinuidades se distribuyen siguiendo una distribución de Poisson dentro del macizo rocoso. Normalmente se considera también que las discontinuidades son circulares, y que sus 'tamaños' —por ejemplo, sus radios— siguen una distribución estadística determinada, definida a partir de sus correspondientes parámetros —por ejemplo, su media μ_R y su coeficiente de variación δ_R.

---

[1]La discusión está basada en el trabajo de Goldberg [1989], donde el lector interesado puede encontrar información adicional.

[2]Los fractales se han empleado también para describir la geometría de discontinuidades; véanse, por ejemplo, Barton y Larsen [1985]; Boadu y Long [1994]; Ehlen [2000]; Kulatilake *et al.* [1997]; Odling [1997].

La intensidad volumétrica de discontinuidades, P_{32} —definida como el área de las discontinuidades en un volumen determinado de roca [Dershowitz y Herda, 1992]— es otro parámetro del modelo. Finalmente, se considera que las discontinuidades tienen una orientación —fija o variable— definida mediante sus correspondientes parámetros; si la orientación es variable, es habitual emplear la distribución esférica de Fisher [Fisher *et al.*, 1987].

4.3. Codificación de soluciones

Para que los algoritmos genéticos tengan éxito, es importante elegir una codificación adecuada que puede variar según el problema [Goldberg, 1989; Mitchell, 1996]. Dado que aquí se emplean los AG para calibrar los parámetros del modelo de discontinuidades de Poisson descrito en la Sección 4.2, será necesario codificar los parámetros del mismo; en particular, la orientación (constante) de cada familia; los parámetros de la distribución estadística de sus tamaños; y la intensidad volumétrica.

Para identificar familias de discontinuidades en el macizo rocoso, pueden emplearse las metodologías que se presentan en el Capítulo 2. una vez identificadas las familias de discontinuidades, puede calcularse su orientación media, con lo que para simularla en el modelo de discontinuidades de Poisson solo quedaría estimar los restantes parámetros del modelo para esa familia: la intensidad de discontinuidades, P_{32}; y los parámetros de su distribución de radios (tamaños) —por ejemplo, su media, μ_R y su desviación típica, σ_R.

Tanto P_{32} como μ_R y σ_R son números reales; se necesita por tanto un método para codificar «parámetros» —«cromosomas», en la terminología habitual de los algoritmos genéticos— representados por números reales. Goldberg [1989] discute algunas alternativas de codificación, y concluye que la codificación mediante números binarios es eficiente y práctica muchos tipos de problemas.

Mediante codificación binaria, un cromosoma se representa usando un vector binario (de ceros y unos) que, a su vez, puede "decodificarse" a un número entero, $I \in [0, (2^N - 1)]$, donde N es la longitud del vector binario que representa al cromosoma. Entonces, según se muestra en la Figura 4.1(b), I puede emplearse para interpolar dentro de un intervalo de búsqueda de la solución real del parámetro x; esto es, $x \in [x_{\text{mín}}, x_{\text{máx}}]$, donde $x_{\text{mín}}$ y $x_{\text{máx}}$ representan el rango de búsqueda definido por el usuario. (Aunque esto discretiza el espacio de soluciones, la distancia entre valores que resulta, $(x_{\text{máx}} - x_{\text{mín}})/(2^N - 1)$, es perfectamente asumible en aplicaciones reales para valores altos de N, como el $N = 20$ que se emplea aquí).

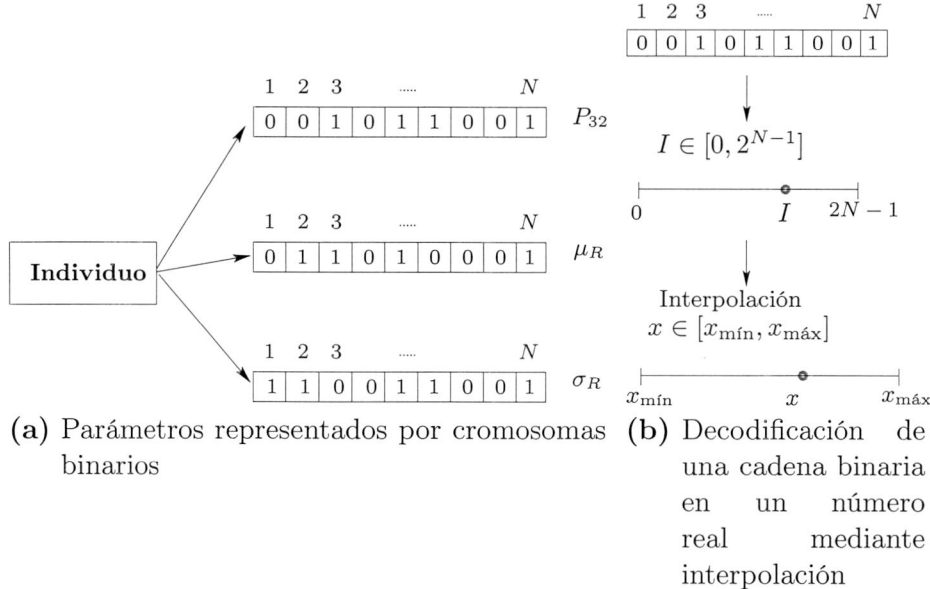

(a) Parámetros representados por cromosomas binarios

(b) Decodificación de una cadena binaria en un número real mediante interpolación

Figura 4.1: Parámetros representados por cromosomas, e ilustración de la decodificación de los mismos a números reales [Jiménez y Jurado-Piña, 2012]

4.4. Función objetivo

Una vez establecido el mecanismo de codificación y decodificación de las soluciones, es necesario evaluar la "calidad" o el "ajuste" de las diversas soluciones. Para ello, se trabaja con los mapas de trazas formadas por las discontinuidades que intersectan a un afloramiento o talud, mediante una función objetivo que determine el "parecido" entre los mapas de trazas generadas mediante el modelo y el mapa de trazas observadas en campo.

Enfrentándose a un problema similar, La Pointe *et al.* [1993] emplearon una función de ajuste basada en el número de trazas de discontinuidades que presentan censura de tipo $C = 0$ (sin censura), $C = 1$ (con censura en uno de sus extremos), y $C = 2$ (con censura en sus dos extremos). (*Véase* la Figura 3.4(a), para el caso de trazas verticales). Aquí se trabaja con dicha idea, si bien, con objeto de flexibilizar la función objetivo, se permite que incluya la diferencia entre los valores estimados y observados de (i) la media de las longitudes de traza; y (ii) su desviación típica. En particular, se define la función objetivo como:

$$f = w_0 + (1{,}0 + w_1\,\delta_{N_{total}} + w_2\delta_{N0} + w_3\delta_{N1} + w_4\delta_{N2} + w_5\delta_{\mu_L} + w_6\delta_{\sigma_L})^{-1},$$

$$(4.1)$$

donde N_{total} es el número total de trazas; y N_i, con $i = \{0, 1, 2\}$, el número de trazas con censura de tipo $C = i$; $\delta_N = \frac{N^{ref} - N^{GA}}{N^{ref}}$ es el error relativo entre el número de trazas observadas (de referencia) y las simuladas con el AG; $\delta_{\mu_L} = \frac{\mu_L^{ref} - \mu_L^{GA}}{\mu_L^{ref}}$ es el error relativo entre la longitud media de las trazas; $\delta_{\sigma_L} = \frac{\sigma_L^{ref} - \sigma_L^{GA}}{\sigma_L^{ref}}$ es el error relativo entre sus desviaciones típicas; y w_i, con $i = \{0, \ldots, 6\}$ son «factores de peso» que permiten cambiar la importancia relativa de los diferentes sumandos.

Para mejorar la convergencia, puede "escalarse" la función objetivo, mediante [Goldberg, 1989]:

$$f' = a\,f + b,\qquad(4.2)$$

donde f es la función objetivo "original" (Ecuación (4.1)) y f' es la "escalada". Los coeficientes a y b se seleccionan según lo propuesto por Goldberg [1989], de modo que (i) ambas tengan medias iguales ($f_{avg} = f'_{avg}$), y (ii) que la función escalada máxima sea proporcional a la media, $f'_{máx} = C_{mult}\,f_{avg}$, con C_{mult} siendo una constante definida por el usuario. (Se usa $C_{mult} = 1{,}7$, excepto cuando se producen valores negativos).

4.5. Reproducción, cruce y mutación

Las operaciones de «reproducción», «cruce» y «mutación» rigen la evolución de los genotipos en un algoritmo genético: la reproducción determina la selección de progenitores; el cruce determina cómo se combinan sus genotipos; y la mutación produce pequeñas variaciones en los genotipos de algunos individuos.

La probabilidad de seleccionar a un individuo para su cruce con otro aumenta con el valor de su función objetivo. Siguiendo a Goldberg [1989], empleamos la técnica de la ruleta (Figura 4.2), de modo que la probabilidad, p_i, de seleccionar al individuo i para su reproducción, viene dada por:

$$p_i = \frac{f_i'}{\sum_{j=1}^{N} f_j'}. \tag{4.3}$$

Para seleccionar a un individuo, se comienza generando un número aleatorio, u, de una distribución uniforme $U \sim [0, 1]$. Ello resulta en la selección del individuo en posición M, donde M es *el menor entero* que cumple:

$$\sum_{i=1}^{M} p_i > u. \tag{4.4}$$

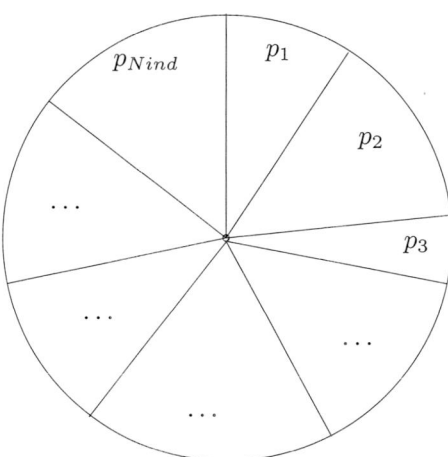

Figura 4.2: Ilustración de la selección mediante ruleta [Jiménez y Jurado-Piña, 2012]

El cruce también se implementa siguiendo a Goldberg [1989]. Dados dos progenitores, se emplea una distribución binomial con parámetro P_{cruce} para decidir si se produce o no el cruce. Si el resultado es positivo (ocurrirá, con probabilidad P_{cruce}, cuando un número aleatorio u de una distribución uniforme

$U \sim [0,1]$ cumple que $u < P_{cruce}$), se combinan los cromosomas de ambos progenitores para producir dos descendientes con genotipos mezclados (*véase* la Figura 4.3(a)); en otro caso, simplemente se copia el genotipo de progenitores a descendientes (Figura 4.3(b)). Para combinar los cromosomas, se genera un entero, M, uniformemente distribuido en el intervalo $[1, N-1]$, y se cruzan los cromosomas según se indica en la Figura 4.3(a): el primer descendiente combina los M *bits* (ceros o unos) del primer progenitor con los últimos $N-M$ *bits* del segundo; y el segundo descendiente combina los M *bits* iniciales del segundo progenitor con los últimos $N-M$ *bits* del primero.

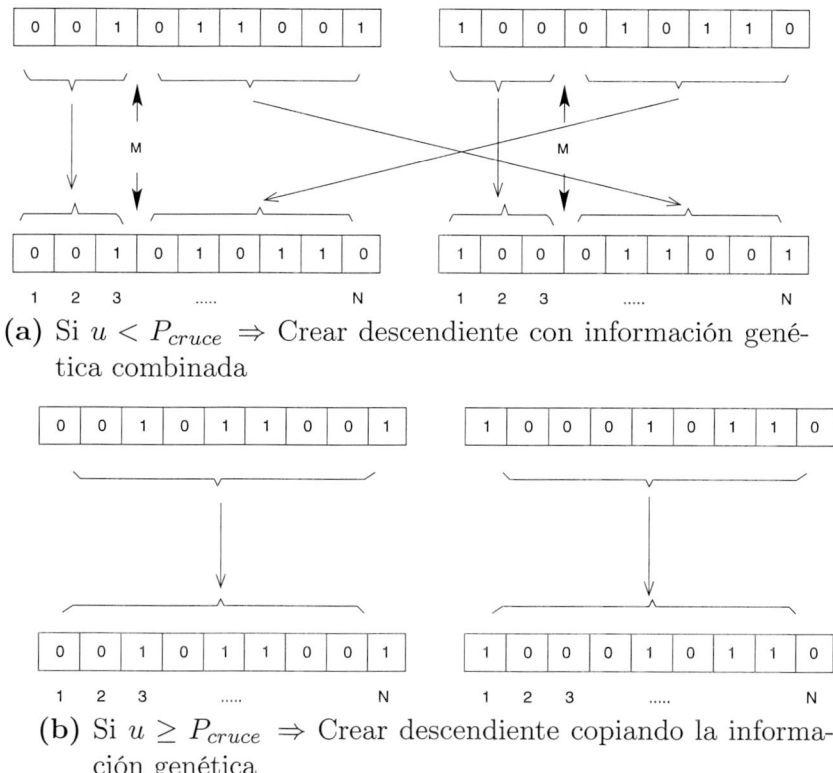

(a) Si $u < P_{cruce} \Rightarrow$ Crear descendiente con información genética combinada

(b) Si $u \geq P_{cruce} \Rightarrow$ Crear descendiente copiando la información genética

Figura 4.3: Representation de la operación de cruce (basado en Goldberg [1989]; Jiménez y Jurado-Piña [2012])

La mutación de un cromosoma en una generación determinada ocurrirá con probabilidad P_{mut}. Para decidir si ocurre o no en cada caso, se muestrea de una distribución binomial con parámetro P_{mut}: se produce la mutación, con probabilidad P_{mut}, cuando un número aleatorio u de una distribución uniforme $U \sim [0,1]$ cumple que $u < P_{mut}$. Para ello, se genera primero un número entero aleatorio, M, uniformemente distribuido en el intervalo $[1, N]$. M indica la ubicación, dentro de la cadena de *bits* del cromosoma, del *bit* que será mutado. Esto es, si el M-ésimo *bit* es 0, muta a 1; y si es 1, muta a 0 (*ver* Figura 4.4(a)). Por otro lado, si $u \geq P_{mut}$ no ocurre nada y el cromosoma se mantiene sin cambios (Figura 4.4(b)).

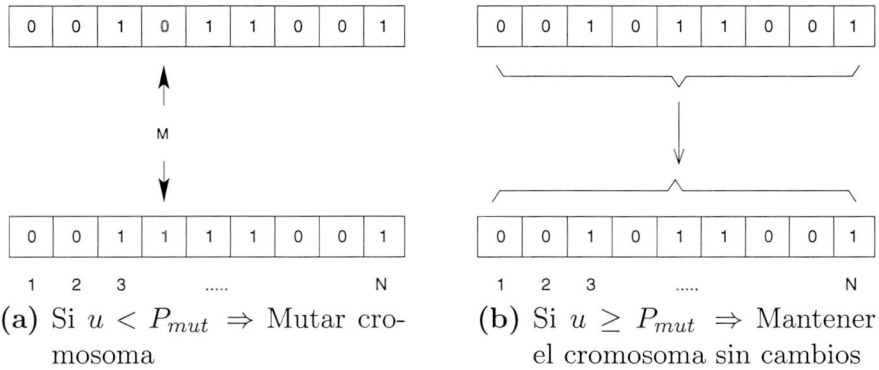

(a) Si $u < P_{mut} \Rightarrow$ Mutar cromosoma

(b) Si $u \geq P_{mut} \Rightarrow$ Mantener el cromosoma sin cambios

Figura 4.4: Representación de la operación de mutación (basado en Goldberg [1989]; Jiménez y Jurado-Piña [2012])

4.6. Esquema de un algoritmo genético simple

La Figura 4.5 muestra un diagrama de flujo con la estructura del algoritmo genético empleado aquí. Se comienza generando N_{ind} individuos con genotipo aleatorio, de modo que se llenan aleatoriamente de ceros y unos los cromosomas que representan a cada propiedad —esto es, intensidad de las discontinuidades y media y desviación típica de la distribución de sus tamaños. A continuación, se emplean las operaciones de reproducción, cruce, y mutación para obtener nuevas generaciones de individuos. De los criterios de parada (o de convergencia) posibles, se trabaja con un número máximo de generaciones. No obstante, también podría emplearse un criterio distinto; por ejemplo, cuando no se mejore en la solución después un número determinado de nuevas generaciones.

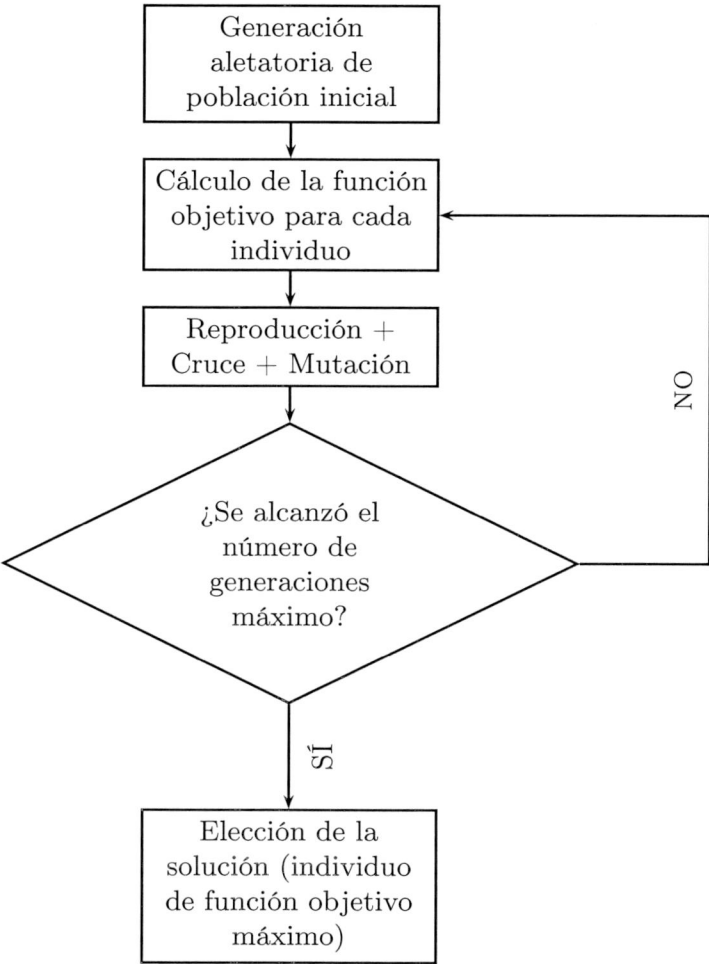

Figura 4.5: Diagrama de flujo de un algoritmo genético simple [Jiménez y Jurado-Piña, 2012]

4.7. Ejemplos de aplicación

A continuación, se presentan ejemplos de estimación de parámetros de los modelos estocásticos de discontinuidades —y, en particular, el modelo de discos de Poisson descrito en la Sección 4.2— mediante algoritmos genéticos. Como se considera que se conoce la orientación de las familias de discontinuidades (y que dicha orientación es constante), solo será necesario estimar la intensidad de discontinuidades, así como la media y desviación típica de su distribución de tamaños (*véase* la Sección 4.3).

Jiménez y Jurado-Piña [2012] estudian la influencia de la función objetivo, así como de las probabilidades de cruce y mutación, en el comportamiento del algoritmo genético. Sus resultados muestran que sus capacidades predictivas aumentan significativamente con funciones objetivo que solo consideran (i) el número total de discontinuidades observadas y (ii) el número de trazas de discontinuidades con diferentes condiciones de censura. (No se consideran, por tanto, la media y desviación típicas de las longitudes de traza; esto es, $w_5 = w_6 = 0$ en la Ecuación 4.1). También sugieren que mejoran para valores bajos de la probabilidad de mutación, y que cambios en la probabilidad de cruce no afectan mucho a los resultados.[3] En particular, las capacidades predictivas del algoritmo para una amplia variedad de valores de los pesos w_i, con $i = 0, \ldots, 4$, son muy buenas, especialmente para P_{32} (con errores relativos en P_{32} inferiores al 10 %); y para μ_R (con errores relativos menores al 20 %). Las estimaciones de σ_R son menos exactas, si bien investigaciones anteriores de Jiménez-Rodríguez y Sitar [2008] demuestran que la relevancia de σ_R es menor, y que P_{32} y μ_R son los parámetros con mayor influencia en la formación de bloques desplazables.

Para analizar la capacidad de inferencia del método, la Figura 4.6 compara dos mapas de trazas de discontinuidades: la Figura 4.6(a) muestra el mapa de trazas de referencia, y la Figura 4.6(b) muestra el mapa de trazas asociado a la mejor solución del algoritmo genético. (Se usa una función objetivo definida solo con números de trazas, con $w_0 = 1{,}0$, $w_1 = 1{,}5$, $w_2 = 1{,}0$, $w_3 = 1{,}0$, $w_4 = 1{,}0$; con $P_{cruce} = 0{,}95$ y $P_{mut} = 0{,}03$; y con $P_{32} = 2\,\text{m}^2/\text{m}^3$, $\mu_R = 10\,\text{m}$,

---

[3]La mejores combinaciones de parámetros de los casos considerados por Jiménez y Jurado-Piña [2012] vienen dadas por: $w_0 = 1{,}0$, $w_1 = 1{,}5$, $w_2 = 1{,}0$, $w_3 = 1{,}0$, $w_4 = 1{,}0$, $w_5 = w_6 = 0{,}0$, con $P_{mut} = 0{,}03$ y $P_{cruce} = 0{,}8$ ó $P_{cruce} = 0{,}95$.

y $\sigma_R = 4\,\text{m}$). Ambos mapas son estadísticamente muy similares, y el número de trazas observadas y simuladas en ambos casos es también muy parecido. (*Veánse* los pies de la Figura 4.6).

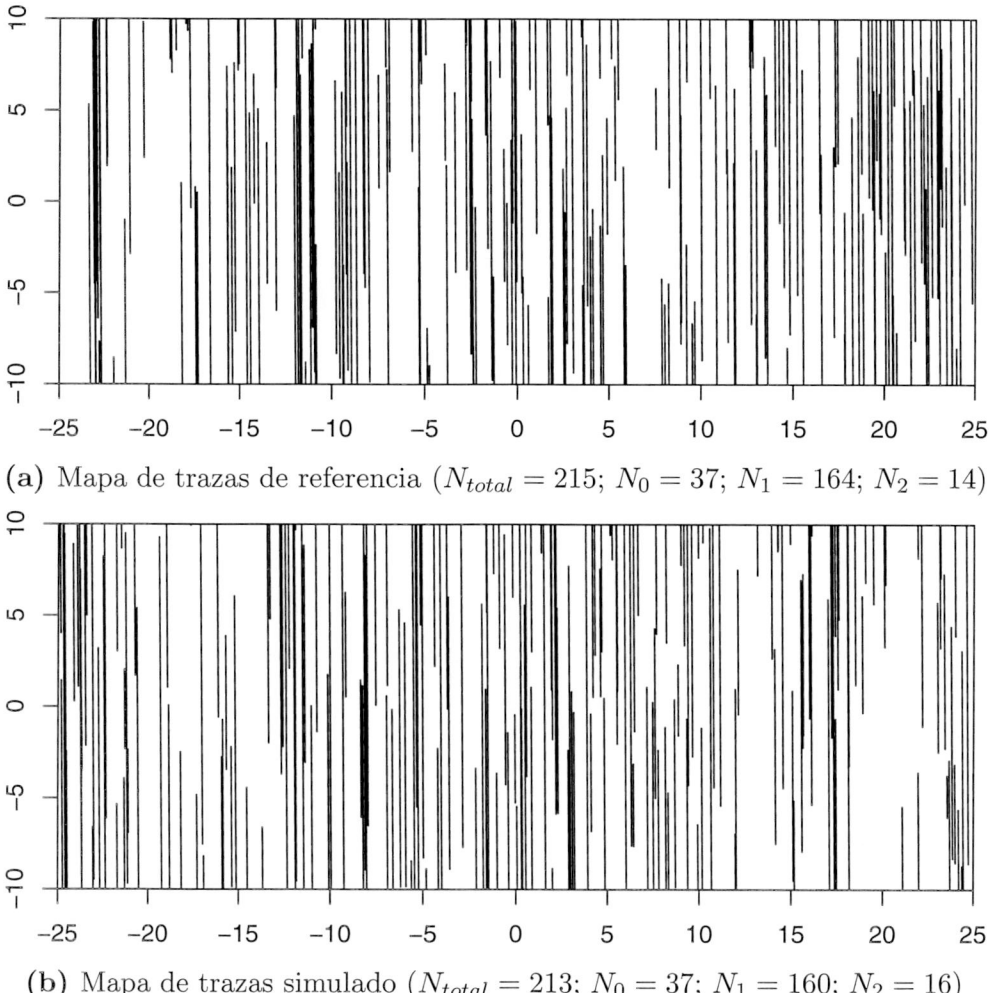

(a) Mapa de trazas de referencia ($N_{total} = 215$; $N_0 = 37$; $N_1 = 164$; $N_2 = 14$)

(b) Mapa de trazas simulado ($N_{total} = 213$; $N_0 = 37$; $N_1 = 160$; $N_2 = 16$)

Figura 4.6: Comparación entre el mapa de trazas de referencia (observado) y el obtenido mediante el algoritmo genético [Jiménez y Jurado-Piña, 2012]

Del mismo modo, la Figura 4.7 muestra un ejemplo de la evolución del parámetro de intensidad, P_{32}, correspondiente al 'mejor' individuo (esto es, con una mayor función objetivo) en cada generación. La Figura 4.8 muestra un ejemplo de la evolución de la media de la distribución de radios, μ_R, para el 'mejor' individuo de cada población; mientras que la Figura 4.9 muestra la evolución de su desviación típica, σ_R. (En las Figuras 4.7(a) a 4.9(a), el eje Y muestra las dimensiones del espacio de búsqueda $[x_{\text{mín}}, x_{\text{máx}}]$; y una línea discontinua horizontal indica el parámetro original empleado en la generación. Las Figuras 4.7(b) a 4.9(b) muestran una vista de detalle para una mejor visualización de las fluctuaciones). La Figura 4.10 muestra la evolución de la función objetivo para los 'mejores' individuos de cada generación. También muestra la evolución de la función objetivo media para todos los individuos de cada generación, que como podía esperarse es siempre menor que la máxima.

La convergencia es rápida en todos los casos. Si bien la velocidad de convergencia decrece después de unas pocas generaciones iniciales, se siguen produciendo mejoras de la solución incluso después de muchas generaciones. En algunas generaciones se producen oscilaciones en los valores estimados de los parámetros (Figuras 4.7 a 4.9), o en la función objetivo (Figura 4.10).

Al estar empleándose «elitismo» (esto es, se mantiene siempre la mejor solución disponible hasta ese momento), las oscilaciones no podrían explicarse como el resultado de la naturaleza evolutiva de los algoritmos genéticos; el motivo es que se están estimando *parámetros de distribuciones* estadísticas a partir de las realizaciones de dichas distribuciones que, por supuesto, son aleatorios. En otras palabras, simulaciones realizadas con los mismos valores de los parámetros de las distribuciones serán distintas y, por tanto, tendrán distintos valores de la función objetivo, lo que explica las oscilaciones registradas.

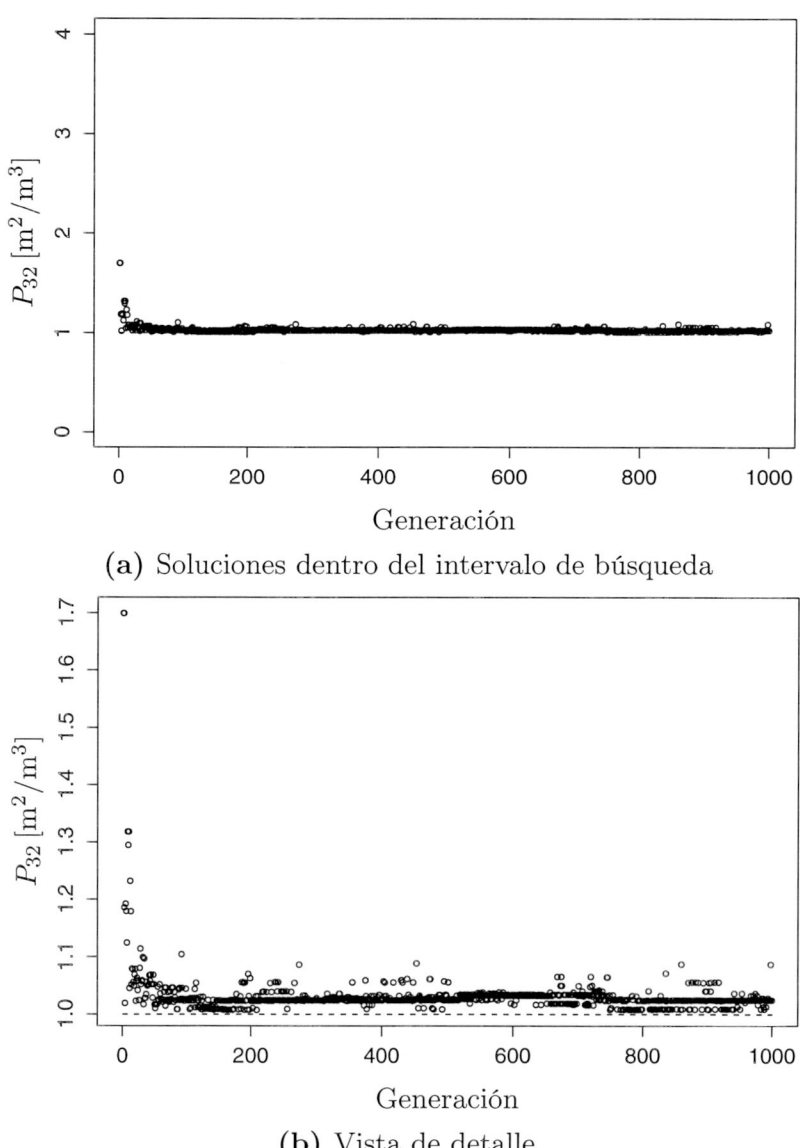

(a) Soluciones dentro del intervalo de búsqueda

(b) Vista de detalle

Figura 4.7: Evolución de las estimaciones de intensidad en las sucesivas generaciones del algoritmo genético [Jiménez y Jurado-Piña, 2012]

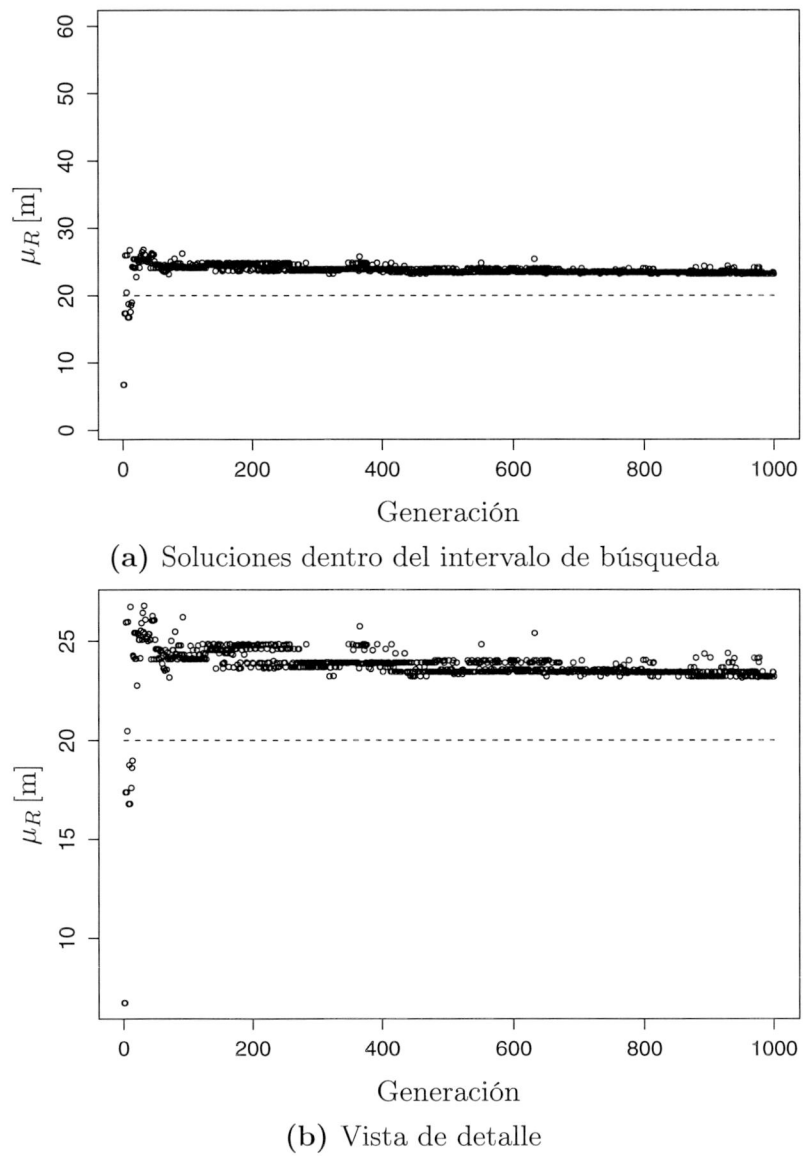

(a) Soluciones dentro del intervalo de búsqueda

(b) Vista de detalle

Figura 4.8: Evolución de las estimaciones de la media del tamaño de discontinuidades en las sucesivas generaciones del algoritmo genético [Jiménez y Jurado-Piña, 2012]

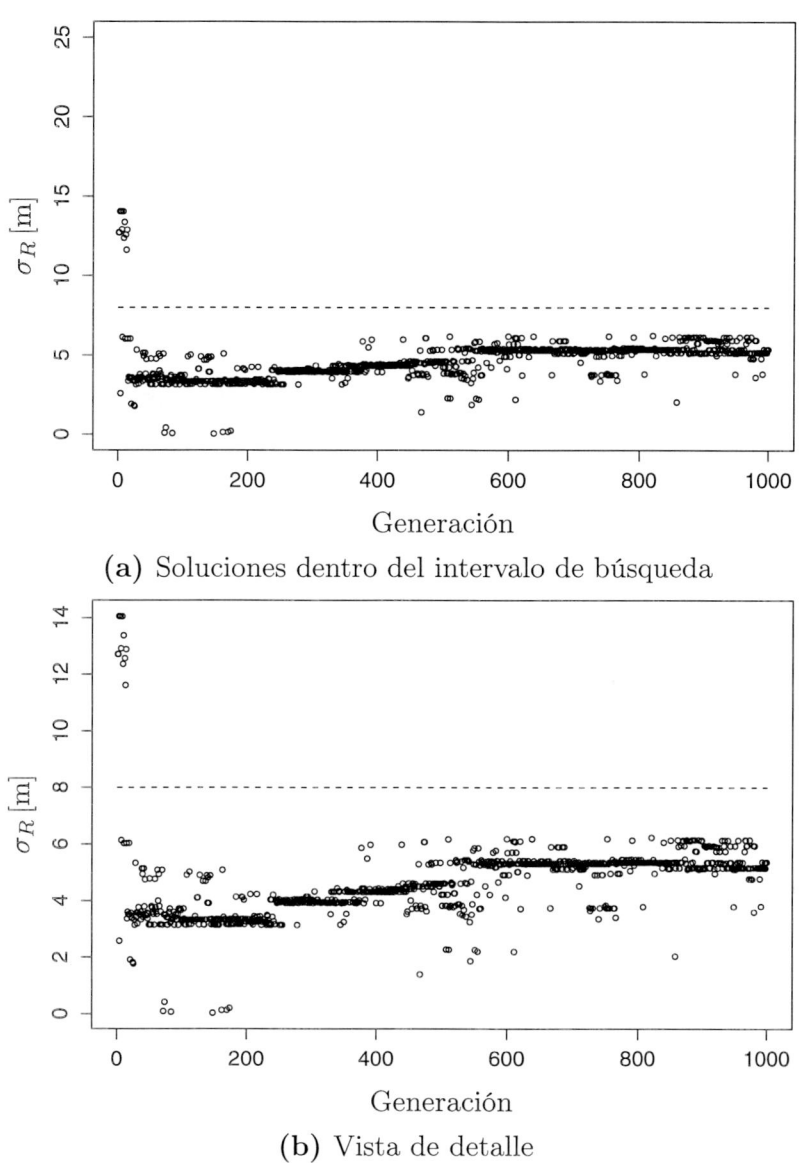

(a) Soluciones dentro del intervalo de búsqueda

(b) Vista de detalle

Figura 4.9: Evolución de las estimaciones de la desviación típica del tamaño de discontinuidades en las sucesivas generaciones del algoritmo genético [Jiménez y Jurado-Piña, 2012]

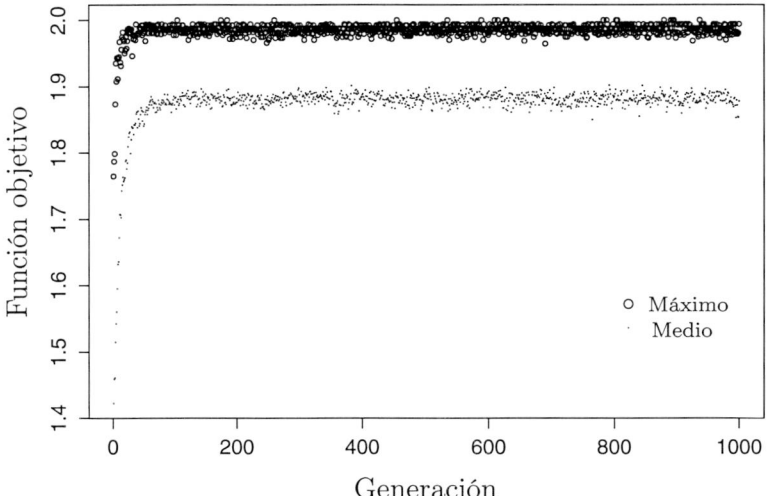

Figura 4.10: Evolución de los valores máximo (para el 'mejor' individuo) y medio (para la población) de la función objetivo en cada generación del algoritmo genético [Jiménez y Jurado-Piña, 2012]

Parte II

Identificación de bloques desplazables

Capítulo 5

La teoría de bloques

5.1. Introducción

Las discontinuidades del macizo rocoso pueden combinarse para formar bloques de diferentes formas: la Figura 1.1 muestra los distintos tipos de bloques que pueden formarse en una excavación en un macizo rocoso con discontinuidades. Dependiendo de la orientación de la excavación, así como de la orientación de los bloques, es posible que algunos bloques tengan la capacidad de desplazarse hacia la excavación—esto es, que sean «bloques desplazables». Este capítulo estudia la formación de bloques desplazables en un talud en roca. Es necesario que un bloque sea desplazable para que pueda producirse su caída; por tanto, la predicción de la probabilidad de formación de bloques *inestables* en una excavación deberá comenzar estudiando los bloques *desplazables*.

La Figura 5.1 sintetiza el análisis mediante modelos estocásticos de discontinuidades de la formación de bloques desplazables e inestables. A partir de la información geológica y de los datos de campo (sondeos y afloramientos), se caracteriza primero la red estocástica de discontinuidades siguiendo las recomendaciones de la Parte I: identificar familias de discontinuidades y caracterizar su orientación; y estimar los parámetros de la red estocástica de discontinuidades (tamaño, intensidad, etc.).

Una vez conocidas las orientaciones de las familias de discontinuidades principales, así como la orientación de la excavación, se emplea la "teoría de blo-

ques" (o *block theory*; Goodman [1995]; Goodman y Shi [1985]) para identificar
los bloques desplazables que se pueden formar. Además, una vez calibrados
los restantes parámetros de la red estocástica de discontinuidades (tamaño e
intensidad, principalmente), pueden simularse mediante el método de Monte
Carlo realizaciones de la red estocástica de discontinuidades. A partir de dicha
red, se puede analizar —mediante teoría de bloques y técnicas estadísticas de
regresión— la influencia de los parámetros de la red estocástica de discontinuidades en la formación de bloques desplazables. Ello sirve para identificar sus
parámetros más relevantes, que serán aquellos en los que el proyectista debe
hacer mayores esfuerzos de caracterización.

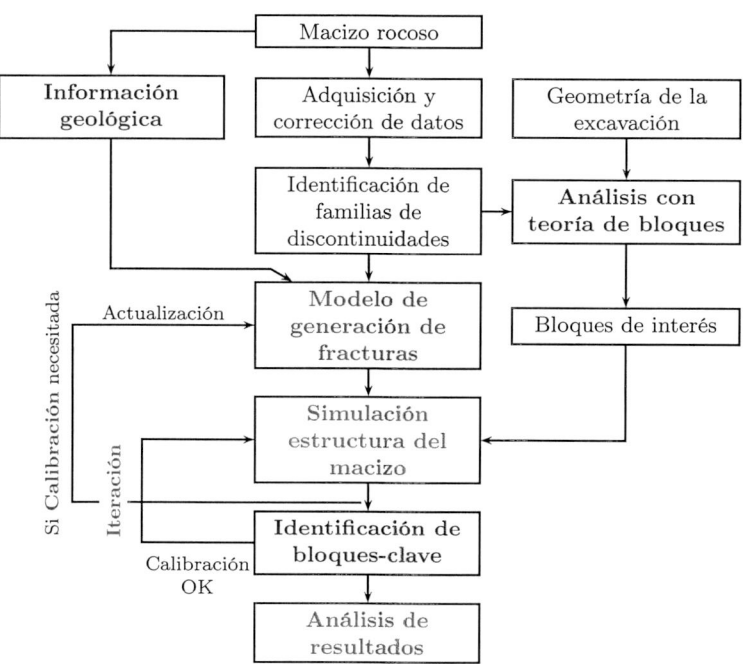

Figura 5.1: Diagrama de trabajo para analizar la influencia de los parámetros
del modelo estocástico de discontinuidades en la formación de bloques desplazables

En este capítulo se introduce brevemente la teoría de bloques y su teorema
fundamental, y se emplea la teoría de bloques para identificar bloques desplazables. El Capítulo 6 analiza la influencia de los parámetros del modelo estocástico
de discontinuidades en la probabilidad de formación de bloques desplazables.

5.2. Identificación de bloques desplazables: el Teorema de Shi

La teoría de bloques [Goodman y Shi, 1985] proporciona «una base teórica para la toma de decisiones sobre la geometría de excavaciones y el diseño de su soporte en [principalmente] 'macizos rocosos con bloques' (*blocky rock*)» [Goodman, 1995]. Y, según la definición de Goodman [1995], un macizo rocoso con bloques «tiene tres o más familias de discontinuidades persistentes claramente identificadas», de modo que «produzca bloques en cualquier superficie excavada».

La geometría —o, en términos matemáticos, la topología— es una base fundamental del comportamiento de los bloques en los macizos rocosos, ya que las relaciones entre orientaciones de las discontinuidades y de la excavación determinan la formación de los distintos tipos de bloques (*ver* Figuras 1.1 y 5.2).

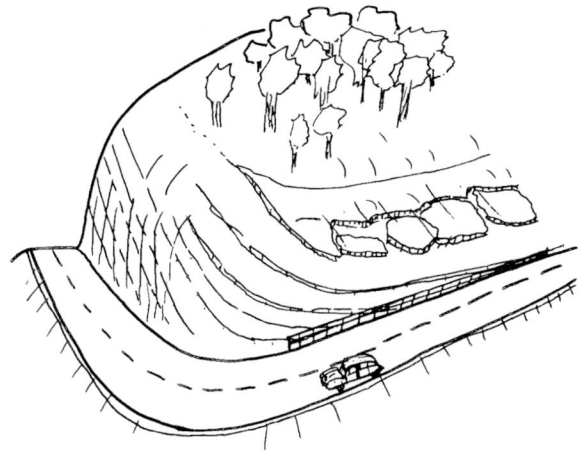

Figura 5.2: Influencia de la orientación en la caída de bloques [Goodman, 1995]

La «teoría de bloques» captura esa particularidad de los macizos rocosos a 'escala intermedia' —el comportamiento de los macizos rocosos intensamente fracturados a 'pequeña' y 'gran' escala puede aproximarse adecuadamente mediante modelos isótropos; *véase* la Figura 5.3 [Hoek, 2000]— y analiza su comportamiento fuertemente anisótropo. Así, la teoría de bloques trabaja con bloques delimitados por las discontinuidades del macizo; para cada bloque, se representan las discontinuidades que lo forman en proyección estereográfica, de modo que dichas discontinuidades pasen por el origen de la proyección independientemente de su ubicación. Entonces, puede definirse la «pirámide de juntas» (*Joint Pyramid* o JP) tomando el volumen definido por la intersección de los semiespacios correspondientes al 'lado-bloque' de cada discontinuidad. La Figura 5.4 muestra un ejemplo de las ocho JP formadas al considerar tres familias de discontinuidades. (En la notación empleada, 001, por ejemplo, representa el JP formado por el semiespacio superior de las familias 1 y 2, y por el semiespacio inferior de la familia 3).

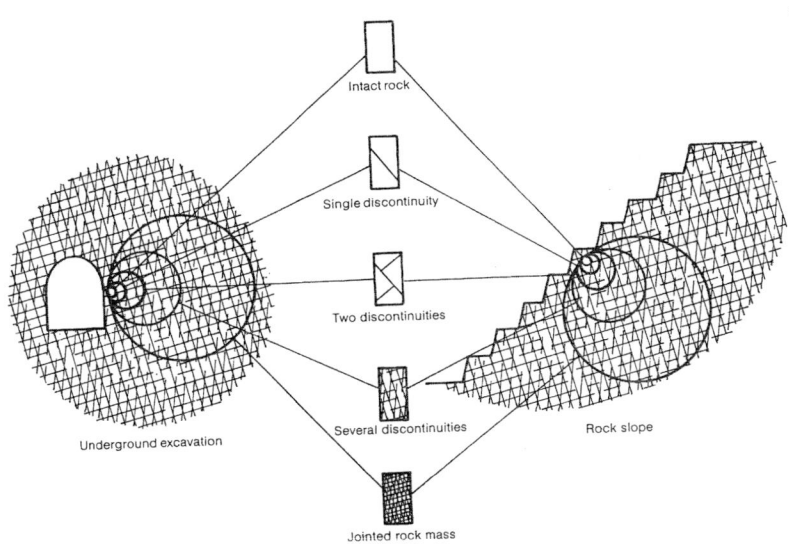

Figura 5.3: Influencia de la escala en el comportamiento en ingeniería de los macizos rocosos [Hoek, 2000]

En la representación estereográfica pueden incluirse también los planos que conforman la excavación. La intersección de los lados-bloque de dichos planos forma la «pirámide de excavación» (*Excavation Pyramid*, o EP), y su complemento es la «pirámide de espacio» (*Space Pyramid*, SP). La Figura 5.5 muestra la EP (zona rayada) y la SP (no rayada) para un ejemplo con un único plano de excavación —tal como ocurre, por ejemplo, en un talud. Se incluyen también

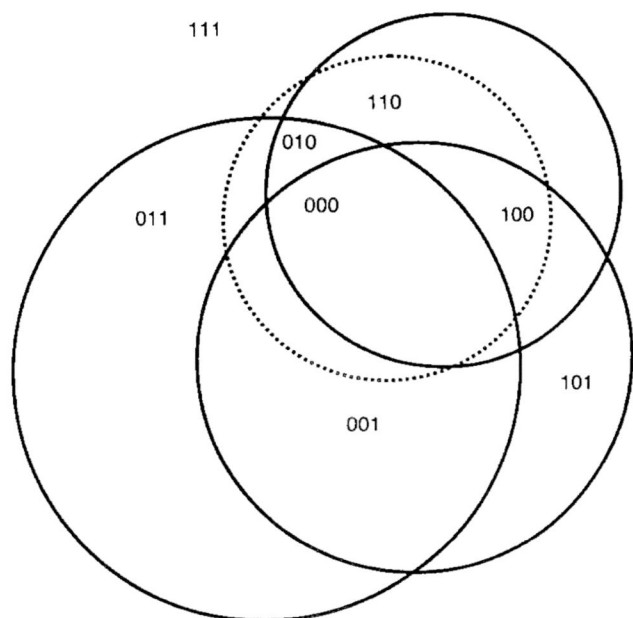

Figura 5.4: Representación estereográfica de las JP formadas por tres familias de discontinuidades [Goodman, 1995]

las EP de las tres familias de discontinuidades consideradas en la Figura 5.4; una vez representados tanto las EP como la SP, puede aplicarse el teorema de Shi [Goodman y Shi, 1985] para la identificación de bloques desplazables. Según dicho teorema, «un bloque es desplazable en una excavación particular si, y solo si, su JP se representa en su totalidad dentro de la SP de la excavación» [Goodman, 1995]. (Por tanto, en el ejemplo de la Figura 5.5, el bloque 110 es el único desplazable de los 8 formados).

5.3. Identificación de «cuñas» en un talud

Goodman y Shi [1985] y Hatzor [1993] calcularon el número de tipos de bloques que pueden formarse al combinar n familias de discontinuidades, mostrando que aumenta muy rápidamente con n.[1] Sin embargo, estudios y observa-

---

[1]Para un único plano, excavado en un macizo rocoso con n familias de discontinuidades,

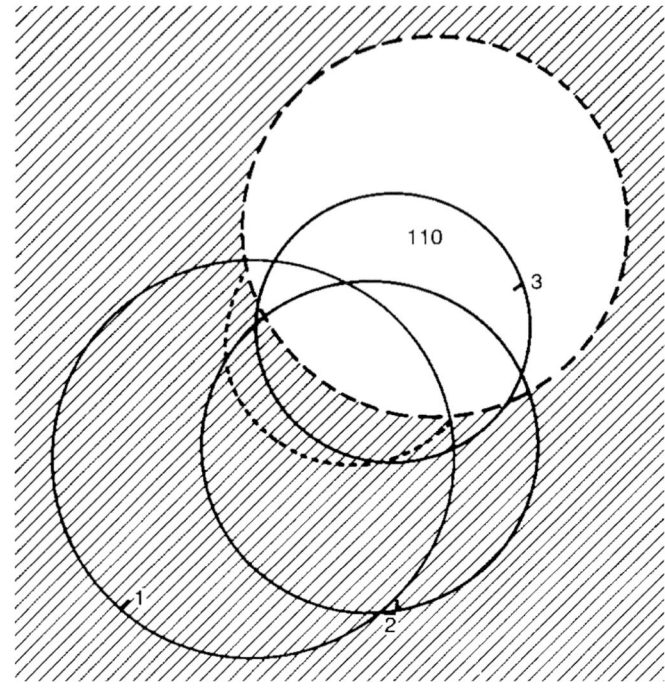

Figura 5.5: Análisis de admisibilidad cinemática: aplicación del teorema de Shi [Goodman, 1995]

ciones de campo han mostrado que la mayoría de los bloques que fallan suelen pertenecer a un subconjunto de dichas combinaciones de familias, cuya probabilidad de fallo es mayor que la del resto [Hatzor, 1992]. Además, Hatzor [1993] (*véase* también Hatzor y Feintuch [2005]) propuso un método para estimar la *probabilidad de fallo relativa* de bloques formados por discontinuidades de distintas familias, y Hatzor y Goodman [1993] presentaron su aplicación para el sostenimiento de una excavación.

Esto permite al proyectista centrarse en aquellas familias de discontinuidades que formen bloques con mayor probabilidad relativa de fallo, lo que reduce significativamente el número de combinaciones que es necesario estudiar en la

---

el número de combinaciones de k discontinuidades viene dado por $\binom{n}{k} = \frac{n!}{k!(n-k)!}$. Como hay $\frac{k^2-3k+2}{2}$ bloques desplazables de diverso tamaño para cada combinación de k discontinuidades [Goodman y Shi, 1985], el número total de bloques desplazables de diferentes tipos que se forman en la excavación considerada es $N_{rb} = \frac{n!(k^2-3k+2)}{2k!(n-k)!}$ [Hatzor, 1993].

práctica. En otros casos, puede recurrirse al registro de los bloques que han fallado; la observación de los "moldes" que dejan dichos bloques (*véase* la Figura 5.6) permite identificar las familias con mayor influencia en la estabilidad de la excavación, permitiendo hacer mayor énfasis en su caracterización.

Para identificar los bloques desplazables en un talud de este tipo, pueden emplearse también la teoría de bloques con los mapas de trazas que las discontinuidades forman al intersectar a la superficie de la excavación (*véase* la Figura 3.3). Para ello, se emplean mapas de trazas obtenidos según muestra la Figura 5.7 [Shi *et al.*, 1985; Shi y Goodman, 1989]: esto es, se rota el plano superior hasta alinearlo con el talud, produciendo un mapa de trazas sobre un único plano, con el que puede emplearse la teoría de bloques tradicional para identificar los bloques desplazables.

En este trabajo, sin embargo, se ha modificado el algoritmo de Shi y Goodman [1989], para aprovechar las particularidades de las cuñas formadas al intersectar discontinuidades de dos familias. (Discontinuidades de la misma familia formarán bloques «cerrados», que tienen menos probabilidad de fallo que los bloques «abiertos» que se forman al combinar discontinuidades de distintas familias [Hatzor, 1993; Hoek y Bray, 1981]; este efecto es más relevante en el caso de bloques con *caras paralelas*, ya que en ese caso se asume normalmente, tal como hacen Shi y Goodman [1989], que dichos bloques no pueden desplazarse salvo que su comportamiento al corte en las caras paralelas sea no-dilatante —como cuando están rellenas de arcilla). Si además se consideran únicamente las trazas que intersectan a la línea de intersección entre los dos planos que forman el talud, podrá disminuirse significativamente el esfuerzo computacional necesario para identificar los bloques desplazables.[2]

La Figura 5.8 muestra un ejemplo de un mapa de trazas de discontinui-

---

[2]Estas dos consideraciones permiten reducir el número de intersecciones entre trazas que se necesita calcular. En general, si tuviéramos que comprobar la intersección de cada traza con todas las demás, el número de operaciones sería de orden $\mathcal{O}(n^2)$, donde n es el número total de trazas. En nuestro caso, sin embargo, el número de operaciones puede reducirse a menos de $\mathcal{O}(n^2/4)$—esto es, no cambia el orden, pero reducimos la constante multiplicativa. Si se desea reducir aún más el número de operaciones necesarias para calcular las intersecciones, O'Rourke [1998] presenta ideas para implementar algoritmos que resuelven el problema en $\mathcal{O}((n+k)\log n)$ operaciones, donde k es el número de puntos de intersección entre los segmentos. Otros algoritmos interesantes han sido propuestos por Chazelle y Edelsbrunner [1992] y Balaban [1995].

(a) Vista general

(b) Detalle del molde de un bloque inestable

Figura 5.6: Ejemplo de fallos de bloques observados en un talud (fotografías del autor)

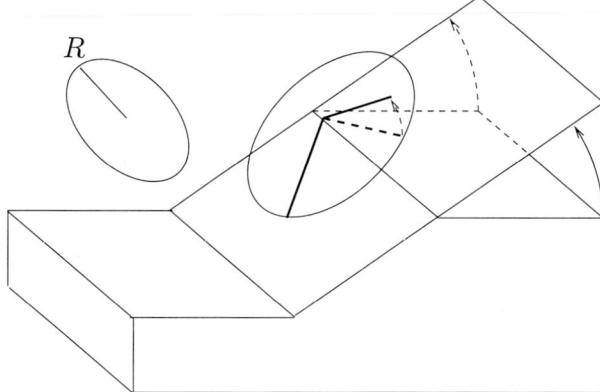

Figura 5.7: Ejemplo de trazas formadas por la intersección de las discontinuidades simuladas con la superficie de la excavación, y representación gráfica de la operación de giro alrededor de la línea de intersección entre el talud y la superficie superior del terreno [Jiménez-Rodríguez y Sitar, 2008]

dades para el modelo considerado de talud, en el que se muestran los bloques desplazables que fueron identificados en ese caso particular.

Aunque el número de bloques desplazables e inestables puede afectar al modo de fallo de la excavación, así como a la importancia relativa de las necesidades de sostenimiento debidas a fallos "estructuralmente-controlados" frente a las debidas al "campo tensional" [Karzulovic, 1988] —la experiencia indica que, conforme aumenta el número de bloques, el comportamiento del talud cambia de fallos controlados estructuralmente a un fallo general similar al que ocurre en materiales granulares— el número de bloques desplazables —o incluso inestables— que se forman que una excavación en roca no es un buen indicador de su comportamiento esperado [*véanse*, por ejemplo, Chan, 1987; McCullagh y Lang, 1984]. El motivo es que no proporciona, por sí solo, información sobre el tamaño de los bloques que podrían llegar a fallar y, por tanto, no permite estimar las *consecuencias* en caso de fallo o las cargas impuestas sobre el sostenimiento [Karzulovic, 1988]. (Hay también casos en los que el número de bloques decrece debido a la coalescencia producida por la unión de bloques, que da lugar a menos bloques de mayores dimensiones [McCullagh y Lang, 1984]).

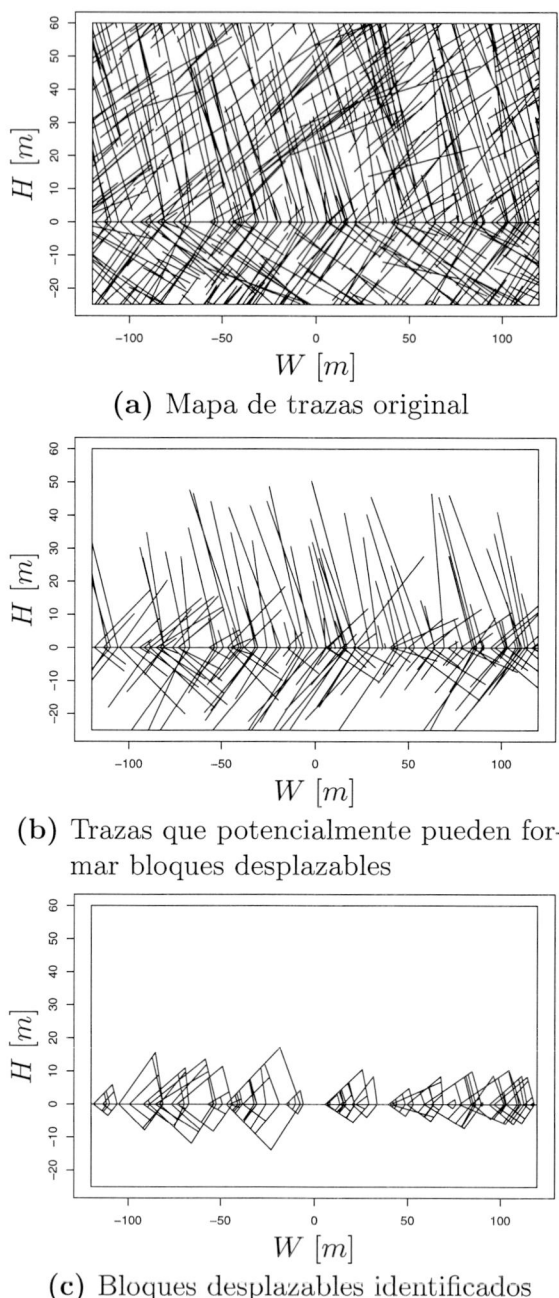

(a) Mapa de trazas original

(b) Trazas que potencialmente pueden formar bloques desplazables

(c) Bloques desplazables identificados

Figura 5.8: Ejemplo del empleo de mapas de trazas de discontinuidades para identificar bloques desplazables [Jiménez-Rodríguez y Sitar, 2008]

Capítulo 6

Influencia de los parámetros de la red estocástica de discontinuidades en la formación de bloques desplazables

6.1. Introducción

En la ingeniería práctica, es habitual emplear redes estocásticas de discontinuidades para tratar las incertidumbres geométricas de los macizos rocosos. En ese contexto, es importante establecer la influencia de los distintos parámetros en el desarrollo de fallos estructuralmente controlados, y en particular, en la formación de bloques desplazables. De ese modo se podría aumentar la eficiencia en la caracterización del macizo rocoso durante el proyecto [Starzec y Andersson, 2002a].

En esta sección se estudia la formación de bloques «desplazables» en un talud excavado en un macizo rocoso con discontinuidades. Para ello, se analiza la influencia de los parámetros del modelo estocástico de discos de Poisson empleado para generar discontinuidades mediante simulaciones de Monte Carlo; esto es, se generan sucesivas realizaciones de la red estocástica de discontinuidades en el macizo, y se emplea la teoría de bloques [Goodman, 1995; Goodman y Shi, 1985] descrita en el Capítulo 5 para identificar los bloques desplazables, de los que registra el número de bloques de diversos "tamaños" —definido como la dimensión vertical del bloque con relación a la altura total del talud— que se forman. A continuación, mediante técnicas estadísticas de regresión avanzada, se desarrolla un modelo predictivo de la probabilidad de formación de bloques desplazables de diferentes tamaños. En particular, se consideran cinco intervalos de tamaños, según se presenta en el Cuadro 6.1. De este modo se analiza la influencia que los diversos parámetros del modelo (o las interacciones entre los mismos) tienen en la formación de bloques desplazables, identificando los que son estadísticamente más relevantes (*véase* la Figura 5.1).

Cuadro 6.1: Intervalos de tamaño relativo considerados

Intervalos	I_1	I_2	I_3	I_4	I_5
Tamaños	$[0, H/5]$	$[H/5, 2H/5]$	$[2H/5, 3H/5]$	$[3H/5, 4H/5]$	$[4H/5, H]$

6.2. Caracterización del talud y generación de discontinuidades

Para ilustrar la metodología, se considera un talud en un macizo rocoso con dos familias de discontinuidades que crean «cuñas» semejantes a las que se observan a menudo en el campo. Para evitar "efectos de borde", se considera un talud de altura $H = 25$ m y anchura $W = 240$ m, para el que se emplea el modelo de la Figura 6.1(a). Las discontinuidades se simulan mediante el «modelo de discos de Poisson» [Baecher *et al.*, 1977; La Pointe, 1993] descrito en la Sección 4.2.

Como se ha mencionado, el modelo de discos de Poisson estipula que los centros de las discontinuidades se distribuyen mediante una distribución de Poisson dentro del «dominio de generación» que representa el macizo rocoso. (El dominio de generación es un paralepípedo rectangular con caras paralelas a los planos del sistema de referencia; *véase* la Figura 6.1(b)). Para minimizar los efectos de borde, se emplea un dominio de generación de dimensiones mucho

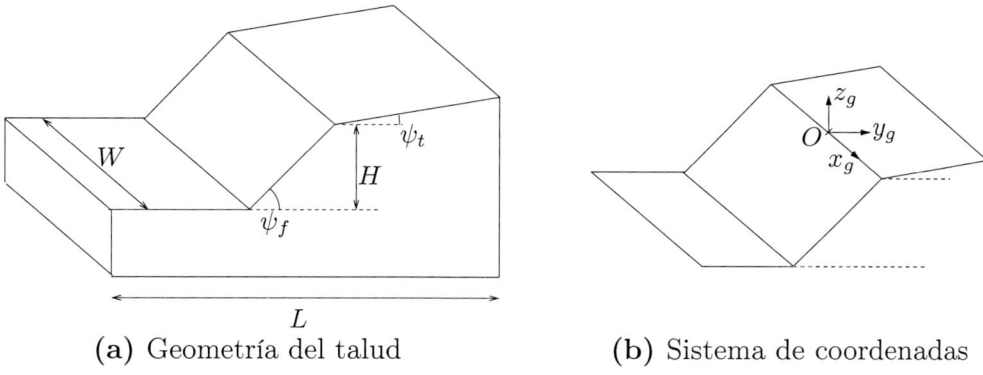

(a) Geometría del talud   **(b)** Sistema de coordenadas

Figura 6.1: Modelización geométrica de la excavación y sistema de coordenadas para generar los centros de las discontinuidades [Jiménez-Rodríguez y Sitar, 2008]

mayores: $H_g = 400$ m, $W_g = 1000$ m, y $L_g = 800$ m. (Algunos autores definen el *volumen de generación crítico* como «... el volumen de generación mínimo para el cual se tiene que el efecto de borde asociado es menor que un valor determinado». Para un análisis detallado del volumen de generación crítico, *véanse* Chan [1987] y Chan y Goodman [1987]).

Se considera también que las discontinuidades son circulares, y que sus radios siguen una distribución lognormal con media μ_R y coeficiente de variación δ_R. La intensidad de la fracturación viene determinada por la intensidad volumétrica de discontinuidades, P_{32}, definida como el área de las discontinuidades incluidas en un volumen determinado de roca [Dershowitz y Herda, 1992]. Por último, se considera que las discontinuidades tienen una orientación variable según la distribución esférica de Fisher [Fisher *et al.*, 1987].[1] Las discontinuidades se generan alrededor de una orientación media para cada familia, pero con una variabilidad que será función del parámetro de forma de la distribución de Fisher, κ. (Al aumentar κ, las discontinuidades se concentran más cerca de la orientación media).

Para generar orientaciones de polos que siguen la distribución de Fisher,

---

[1]La distribución de Fisher es la distribución más básica de entre las distribuciones esféricas de direcciones que presentan simetría radial. Se emplea de modo habitual —a veces, después de escalarla [Henry *et al.*, 2001]— en mecánica de rocas [Goodman, 1976; Priest, 1993a; Song y Lee, 2001; Starzec y Andersson, 2002a,~b].

puede emplearse la metodología propuesta por Fisher *et al.* [1981] que se describe en Fisher *et al.* [1987]. En particular, dados un parámetro de forma, κ, y una dirección media, pueden generarse direcciones aleatorias según se indica a continuación (R_1 y R_2 son números pseudoaleatorios uniformemente distribuidos en el intervalo $[0,1]$):

1. Establecer $\lambda = \exp\left(-2\kappa\right)$

2. Calcular la colatitud $\Theta = 2\arcsin\left(\dfrac{-\log\left(R_1(1-\lambda)+\lambda\right)}{2\kappa}\right)^{\frac{1}{2}}$

3. Calcular la longitud $\Phi = 2\pi R_2$

4. La orientación definida por las coordenadas polares (Θ, Φ) corresponde a una distribución tipo Fisher con polo «medio» dado por las coordenadas polares $(0,0)$. Para calcular la orientación pseudoaleatoria que nos interesa, (Θ', Φ') —esto es, aquella cuya distribución está centrada alrededor del polo correspondiente— solo se necesita rotar el vector para que apunte a la dirección (Θ, Φ), empleando cualquier método disponible en geometría.

6.3. Predicción de la formación de bloques desplazables

6.3.1. Procesos de Poisson para la formación de bloques desplazables

Dado el modelo de discos de Poisson empleado para generar discontinuidades, puede *demostrarse* [*véase* Ambartzumian *et al.*, 1996] que la formación de bloques desplazables a lo largo de la excavación será también un proceso de Poisson; por tanto, el método de regresión de tipo Poisson aparece como la metodología lógica para analizar este problema.

La regresión de tipo Poisson puede enmarcarse dentro de los modelos lineales generalizados [*véanse*, por ejemplo, McCullagh y Nelder, 1989; Venables y Ripley, 2002], cuyas características básicas pueden resumirse en:

1. Se observa una respuesta, y, de manera *independiente*, para valores fijados de las variables de entrada del modelo, $x_1, \ldots, x_p$.

2. Las variables de entrada pueden influir en la distribución de Y a través de una única función lineal, $\eta(\cdot)$, la cual representan el componente sistemático de la respuesta,

$$\eta = \beta_1 x_1 + \ldots + \beta_p x_p. \tag{6.1}$$

3. La distribución de Y se incluye dentro de la familia de distribuciones exponenciales, cuya función de densidad de probabilidades puede expresarse como:

$$f_Y(y; \theta, \phi) = \exp\left\{ (y\theta - b(\theta))/a(\phi) + c(y, \phi) \right\}. \tag{6.2}$$

4. La función media, $\mu(\cdot)$, es una función invertible del predictor lineal:

$$\mu = m(\eta); \qquad \qquad \eta = m^{-1}(\mu) = \ell(\mu), \tag{6.3}$$

donde la función inversa $\ell(\cdot)$ se denomina «función enlace».

6.3.2. Análisis de regresión de procesos de Poisson

A continuación, se introduce la distribución de Poisson como un ejemplo particular de la familia de distribuciones exponencial con un parámetro. Así, la función de densidad de probabilidades de la distribución de Poisson puede escribirse como [Stone, 1996]:[2]

$$f(y; n, \theta) = e^{\theta y - nC(\theta)} r(y; n), \qquad y \in \mathcal{Y}_n \tag{6.4}$$

donde $\mathcal{Y}_n = \{0, 1, 2, \ldots\}$ y n representan «unidades de exposición» en relación a las cuales se expresa la «tasa» (o «intensidad») del proceso, que es un indicador de la probabilidad (relativa al volumen de referencia considerado) de ocurrencia del mismo.[3] El parámetro θ está relacionado con dicha probabilidad relativa, λ, mediante $\theta = \log \lambda$, y $C(\theta) = e^{\theta}$ y $r(y; n) = n^y/y!$. Además, θ varía en el

---

[2]En el contexto de la familia exponencial general presentada en la Ecuación (6.2), la distribución de Poisson puede describirse usando $\phi = 1$, $b(\theta) = \exp(\theta)$, y $c(y; \phi) = -\log y!$. La función media sería $\mu(\theta) = \exp(\theta)$, y la función de enlace sería $\theta(\mu) = \log(\cdot)$; *véase* McCullagh y Nelder [1989].

[3]Si bien los términos «tasa» o «intensidad» son los que habitualmente se usan en estadística y matemáticas para referirse al parámetro λ de un proceso de Poisson, se ha preferido en lo que sigue emplear el término «probabilidad» para facilitar la comprensión del lector no familiarizado con dicha terminología.

intervalo $(-\infty, +\infty)$ mientras que λ varía en $(0, +\infty)$.

Para el análisis de regresión, la dependencia de λ de las variables de entrada $\mathbf{x} \in \mathcal{X}$ viene dada por $\lambda(\mathbf{x})$, y la dependencia de θ por $\theta(\mathbf{x})$, donde $\mathcal{X}$ es el conjunto donde las variables de entrada pueden tomar valores. Normalmente se prefiere desarrollar la regresión sobre θ en vez de sobre λ, y ese es el procedimiento seguido aquí.[4] Para ello, se asume que $\theta(\cdot)$ pertenece a un espacio lineal p-dimensional, G, en el cual las funciones $\{g_1, \ldots, g_p\}$ forman su base. Entonces, $\theta(\cdot) \in G$ puede expresarse como una combinación lineal *única* de las funciones de la base, en la forma $\theta(\cdot) = \beta_1 g_1 + \ldots + \beta_p g_p$, y de donde resulta que $\lambda(\cdot) = \exp(\beta_1 g_1 + \ldots + \beta_p g_p)$.

La regresión se reduce ahora a obtener los estimadores de máxima verosimilitud de los coeficientes β_i, a los que nos referiremos como $\hat{\beta}_i$, con $i = 1, \ldots, p$. Esto es, se maximiza la probabilidad de observar los datos disponibles bajo la suposición de que $\theta(\cdot) \in G$. Normalmente no existen expresiones explícitas de los estimadores $\hat{\beta}_j$, y dichos estimadores deben calcularse iterativamente. Aquí se emplea el método IRWLA (*iterative (re)weighted least-squares algorithm*) que necesita de la resolución iterativa de una serie de sistemas lineales en los que los coeficientes cambian de iteración a iteración [McCullagh y Nelder, 1989; Stone, 1996; Venables y Ripley, 2002]. Pueden entonces emplearse la relaciones entre θ y λ para estimar la probabilidad de formación de bloques desplazables cuyos tamaños están dentro de cada intervalo considerado, $\hat{\lambda}_i$, con $i = 1, \ldots, 5$. Esto es, dado que $\theta_i = \log \lambda_i$, se obtiene $\hat{\lambda}_i$ como $\hat{\lambda}_i(\cdot) = \exp \hat{\theta}_i(\cdot)$.

Para investigar sus importancias relativas, se realiza un análisis factorial en el que se consideran las cuatro variables que influyen en el modelo de discos de Poisson considerado: μ_R, δ_R, P_{32}, y κ. Asimismo, para cada factor se consideran los niveles que se presentan en el Cuadro 6.2.

Se emplea un diseño factorial completo, en el que se consideran todas las combinaciones posibles de factores y niveles, aunque, por simplicidad, se consi-

---

[4]Si se realizase la regresión sobre la función λ podría ocurrir, por ejemplo, que se obtiene un valor negativo para ciertos valores de las variables; esto es físicamente imposible, dado que $\lambda \in (0, \infty)$. Al hacer la regresión en θ, se *asegura* que λ se mantiene dentro de valores aceptables. Para otras ventajas adicionales de este enfoque —por ejemplo, los intervalos de confianza y los tests estadísticos basados en la aproximación normal en el contexto de los modelos de Poisson se comportan mejor cuando se aplican a estimadores de θ que a estimadores de λ— *véase* Stone [1996].

Cuadro 6.2: Factores y niveles considerados en el análisis de regresión de tipo Poisson [Jiménez-Rodríguez y Sitar, 2008]

Factor	Nivel					
	-3	-2	-1	1	2	3
μ_R/H	$^1/_3$	$^2/_3$	1,0	1,5	2,0	4,0
δ_R		0,10	0,30	0,70	1,0	
$P_{32}\,[m^{-1}]$	0,4	0,7	1,0	1,5	3,0	5,0
κ		10,0	30,0	80,0	200,0	

dera que μ_R, δ_R, P_{32}, y κ son idénticas para las dos familias de discontinuidades consideradas. Mediante simulaciones de Monte Carlo se generan realizaciones de redes estocásticas de discontinuidades, con sus mapas de trazas correspondientes, siguiendo el modelo presentado en la Sección 6.2. Para cada mapa de trazas generado, se identifican los bloques desplazables (Capítulo 5), y se cuentan los bloques desplazables de distintos tamaños que se forman. Esta base de datos de resultados,[5] que es la más extensa de las que se tiene conocimiento en la literatura técnica, extiende investigaciones previas —*véanse*, por ejemplo, Jiménez-Rodríguez y Sitar [2003]; Starzec y Andersson [2002a]— para estudiar la influencia que los parámetros de la red estocástica de discontinuidades tienen en la formación de bloques desplazables en excavaciones en roca.

Esta base de datos es la que se emplea para el análisis estadístico. Para ello, conviene transformar las variables, como sigue: $x_1 = \log\left(\mu_R/1{,}5H\right)$, $x_2 = \log\left(\delta_R/0{,}7\right)$, $x_3 = \log\left(P_{32}/1{,}5\right)$, y $x_4 = \log\left(\kappa/80\right)$. De este modo, las variables de entrada se expresan mediante el vector $\mathbf{x} \in \mathcal{X}$, donde $\mathbf{x}$ representa los valores transformados de los parámetros del modelo estocástico de discontinuidades. (Esto es, $\mathbf{x} \equiv \{x_1, x_2, x_3, x_4\}$, donde $\mathcal{X}$ representa el dominio de diseño empleado en las simulaciones de Monte Carlo).

Después de algunos intentos iniciales con modelos de orden cuatro, se observó que no eran estadísticamente relevantes, en el sentido de que las capacidades explicativas del modelo ampliado no eran significativamente mejores que las de modelos más simples. Por tanto, se considera un modelo inicial cúbico, en el

---

[5]La base de datos está disponible en Jiménez-Rodríguez [2004]. Consiste en un total de $576 \cdot 20 = 11{,}520$ 'experimentos' de generación de trazas y de identificación de los bloques desplazables de distintos tamaños que se forman.

que la función de regresión $\theta(\cdot)$ se asume en un espacio G con una base compuesta por potencias de hasta tercer orden de las variables de entrada (esto es, términos como x_i, x_i^2, y x_i^3) y de sus interacciones, también hasta orden tres (esto es, términos como $x_i x_j$, $x_i^2 x_j$, $x_i x_j x_k$, etc.). Se incluye también un término de orden cero (una constante), lo que hace que la dimensión total del modelo de regresión sea $p = 35$.[6] Desde este modelo inicial, pueden eliminarse iterativamente los términos que no sean estadísticamente significativos (es decir, aquellos términos para los que no se encuentra evidencia estadística que permita rechazar la hipótesis nula de que $\beta_i = 0$). Los términos se eliminan del modelo jerárquicamente: solo se elimina un término si previamente se han eliminado todos los de orden superior que incluyen a dicho término (por ejemplo, $x_i x_j$ no puede eliminarse si $x_i x_j^2$ está todavía incluido en el modelo). Las decisiones para eliminar o no un término se toman empleando un P-valor para el test igual a $P = 0{,}05$.

6.3.3.   Probabilidad de formación de bloques desplazables

Como ejemplo de aplicación, a continuación se presentan las probabilidades de formación de bloques desplazables de tamaño *medio* y *grande*; esto es, dentro de los intervalos $I_3 = [2H/5, 3H/5]$ y $I_5 = [4H/5, H]$. (Por supuesto, podrían hacerse análisis idénticos para los restantes tamaños de bloque, si bien no se presentan aquí para no alargar la exposición).

En el caso de bloques de tamaño medio, el modelo de regresión de Poisson muestra que los siguientes términos no son estadísticamente significativos, por lo que son eliminados iterativamente del mismo en el orden en que se enumeran: $x_2 x_3 x_4$, $x_4 x_3^2$, $x_3 x_4^2$, $x_3 x_4$, $x_1 x_3 x_4$, $x_1 x_3^2$, y $x_3 x_2^2$. Así, la dimensión final del espacio de regresión es $p = 35 - 7 = 28$. El Cuadro 6.3 muestra las estimaciones de máxima verosimilitud de los parámetros del modelo. Del mismo modo, las Figuras 6.2 y 6.3 presentan las probabilidades de formación de bloques desplazables de tamaño medio, calculadas con el modelo predictivo correspondiente

---

[6]La dimensión total de $p = 35$ se divide como sigue: un término independiente, doce términos de factores principales—cuatro de tipo x_i, cuatro de tipo x_i^2, y cuatro de tipo x_i^3—, seis términos de interacción de tipo $x_i x_j$, doce interacciones de tipo $x_i x_j^2$ y, finalmente, cuatro interacciones de tipo $x_i x_j x_j$.

a los parámetros que se presentan en el Cuadro 6.3. (Se emplean puntos para representar los resultados de las simulaciones de Monte Carlo; las líneas indican las predicciones del modelo de regresión).

Cuadro 6.3: Estimadores de máxima verosimilitud de los coeficientes del modelo de regresión predictivo de la formación de bloques desplazables de tamaño medio [Jiménez-Rodríguez y Sitar, 2008]

Término	Estimador	Std. Error	P-valor
(Intercept)	-0.4356846	0.0025447	<2e-16
x_1	0.5584750	0.0032470	<2e-16
x_2	0.2708231	0.0030892	<2e-16
x_3	1.9831220	0.0033840	<2e-16
x_4	0.0566357	0.0014392	<2e-16
x_1^2	-0.4788736	0.0029703	<2e-16
x_2^2	-0.2539097	0.0057563	<2e-16
x_3^2	0.0032999	0.0028752	0.25109
x_4^2	-0.0547446	0.0015669	<2e-16
x_1^3	0.0968685	0.0019760	<2e-16
x_2^3	-0.1519567	0.0024689	<2e-16
x_3^3	0.0077312	0.0026140	0.00310
x_4^3	0.0206861	0.0008538	<2e-16
$x_1 x_2$	-1.0881560	0.0040419	<2e-16
$x_1 x_3$	0.0010028	0.0021736	0.64456
$x_1 x_4$	-0.0944563	0.0013864	<2e-16
$x_2 x_3$	-0.0048953	0.0025603	0.05588
$x_2 x_4$	-0.0909339	0.0019126	<2e-16
$x_2 x_1^2$	0.2379372	0.0019815	<2e-16
$x_3 x_1^2$	0.0053741	0.0027229	0.04842
$x_4 x_1^2$	0.0112822	0.0012313	<2e-16
$x_1 x_2^2$	-0.3181284	0.0019425	<2e-16
$x_4 x_2^2$	-0.0239558	0.0010458	<2e-16
$x_2 x_3^2$	0.0090602	0.0021670	2.90e-05
$x_1 x_4^2$	-0.0064471	0.0009707	3.09e-11
$x_2 x_4^2$	-0.0055073	0.0007060	6.17e-15
$x_1 x_2 x_3$	0.0082710	0.0026439	0.00176
$x_1 x_2 x_4$	0.0287085	0.0012048	<2e-16

A continuación, se estudia la formación de bloques desplazables de gran tamaño; en este caso, los siguientes términos no son estadísticamente significativos, por lo que se eliminan del modelo en el orden en que se enumeran: $x_1 x_3 x_4$, $x_4 x_1^2$, $x_3 x_4^2$, $x_2 x_3^2$, $x_1 x_3^2$, $x_3 x_2^2$, $x_3 x_2$, $x_4 x_3^2$, $x_4 x_3$, y $x_2 x_3 x_4$. (Se obtiene

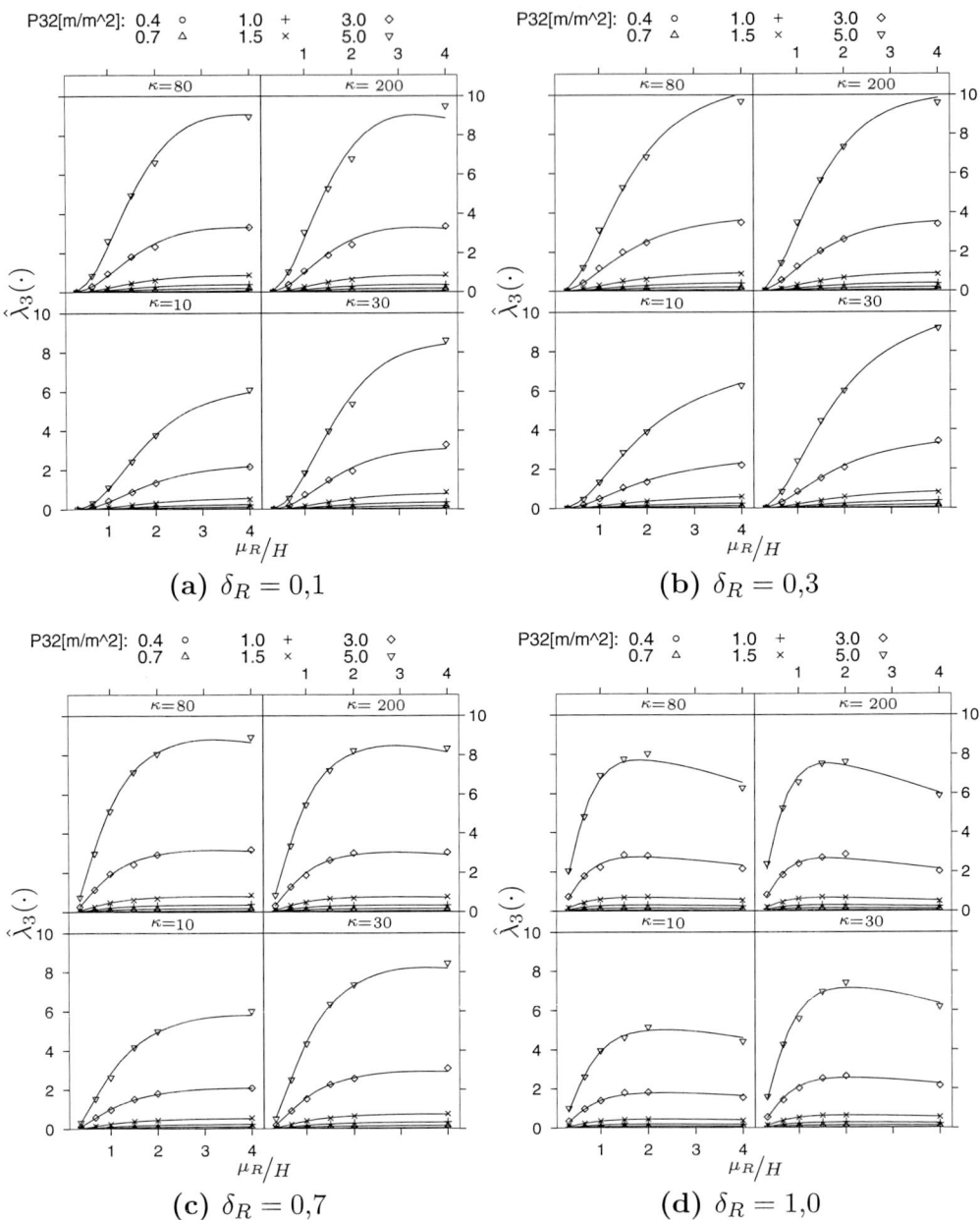

Figura 6.2: Predicciones de la probabilidad de formación de bloques desplazables de tamaño medio en función del radio medio de las discontinuidades, para diversos valores de los parámetros P_{32}, δ_R, y κ [Jiménez-Rodríguez y Sitar, 2008]

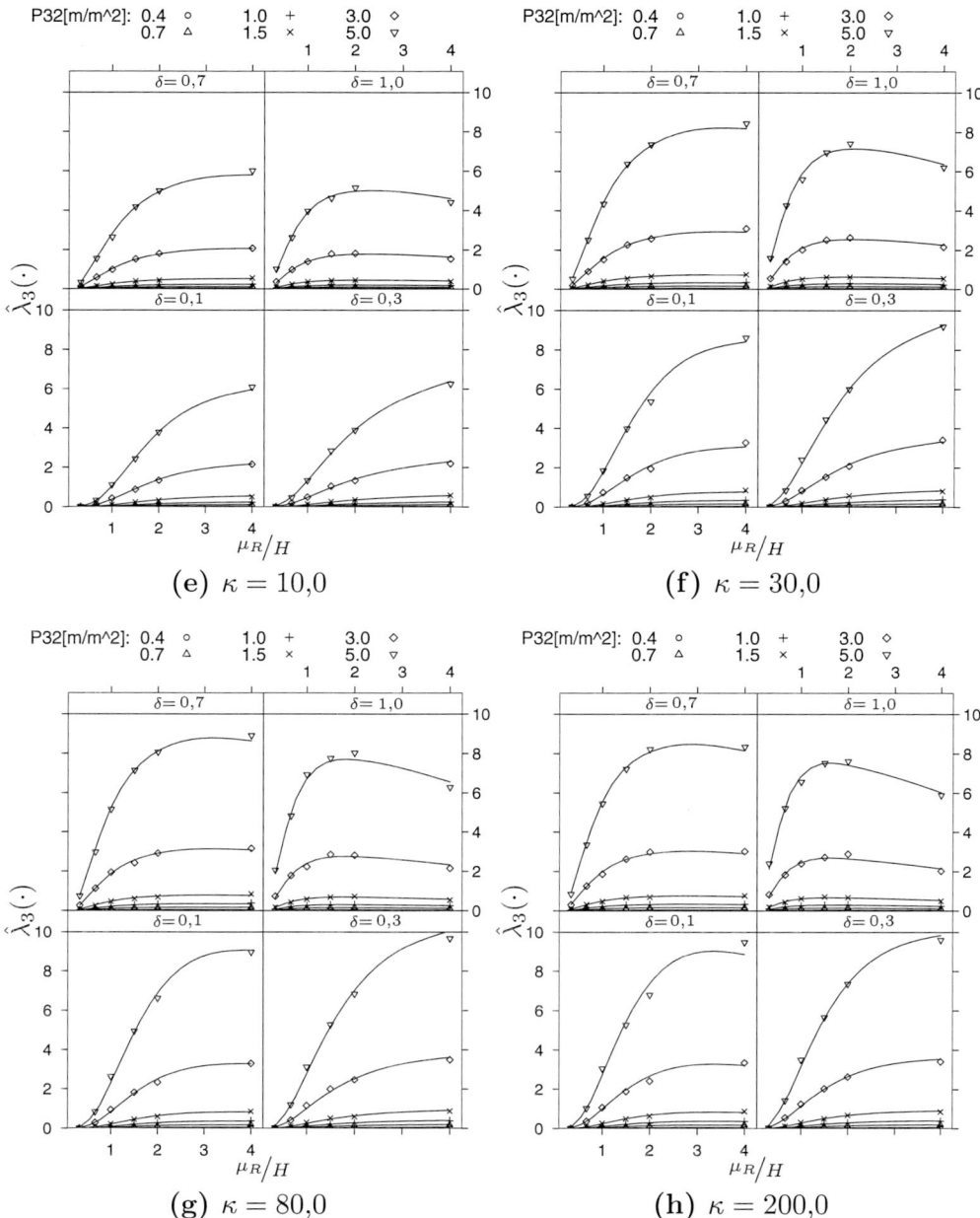

Figura 6.2 (cont.): Predicciones de la probabilidad de formación de bloques desplazables de tamaño medio en función del radio medio de las discontinuidades, para diversos valores de los parámetros P_{32}, δ_R, y κ [Jiménez-Rodríguez y Sitar, 2008]

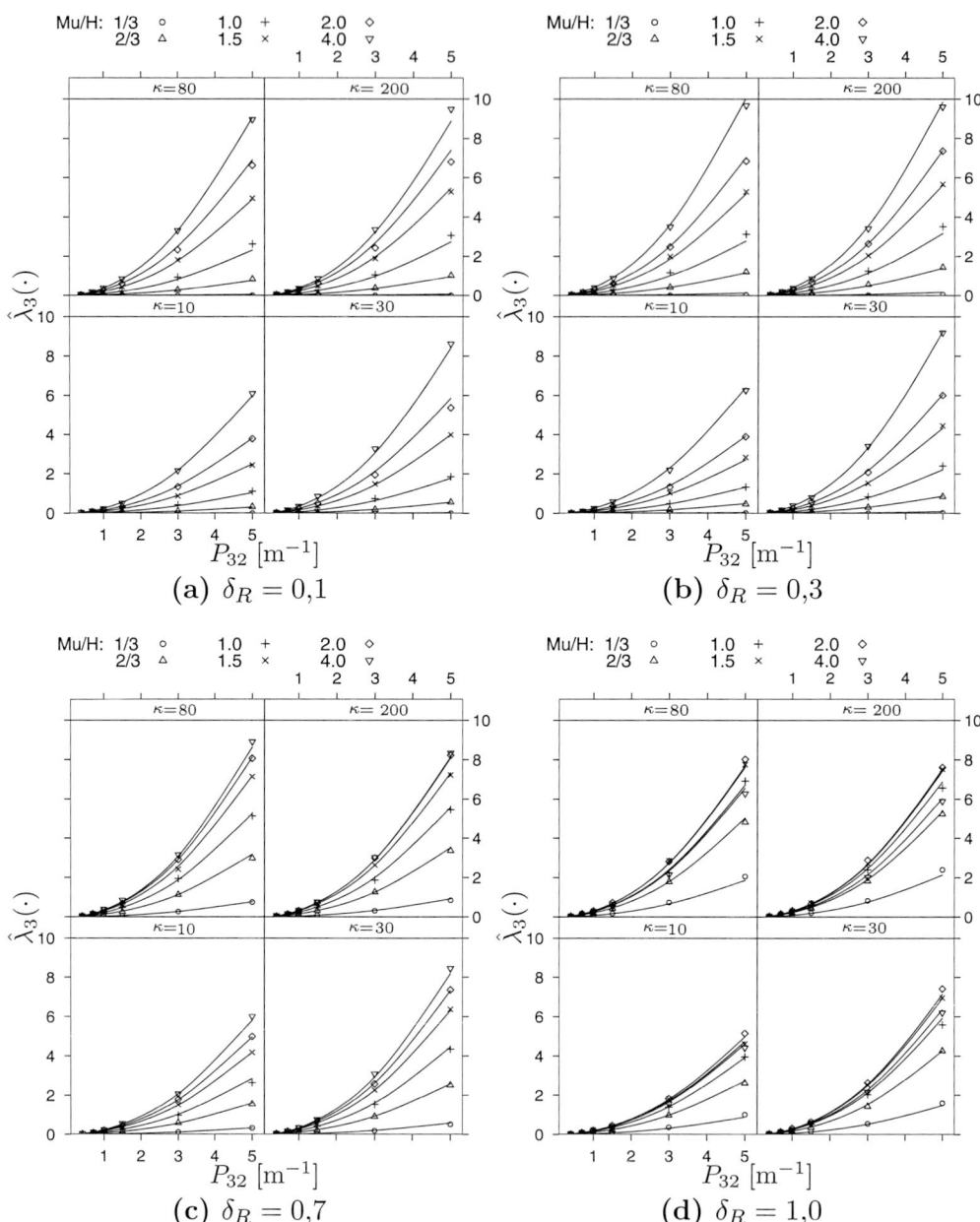

Figura 6.3: Predicciones de la probabilidad de formación de bloques desplazables de tamaño medio en función de la intensidad de discontinuidades, para diversos valores de los parámetros μ_R/H, δ_R, y κ [Jiménez-Rodríguez y Sitar, 2008]

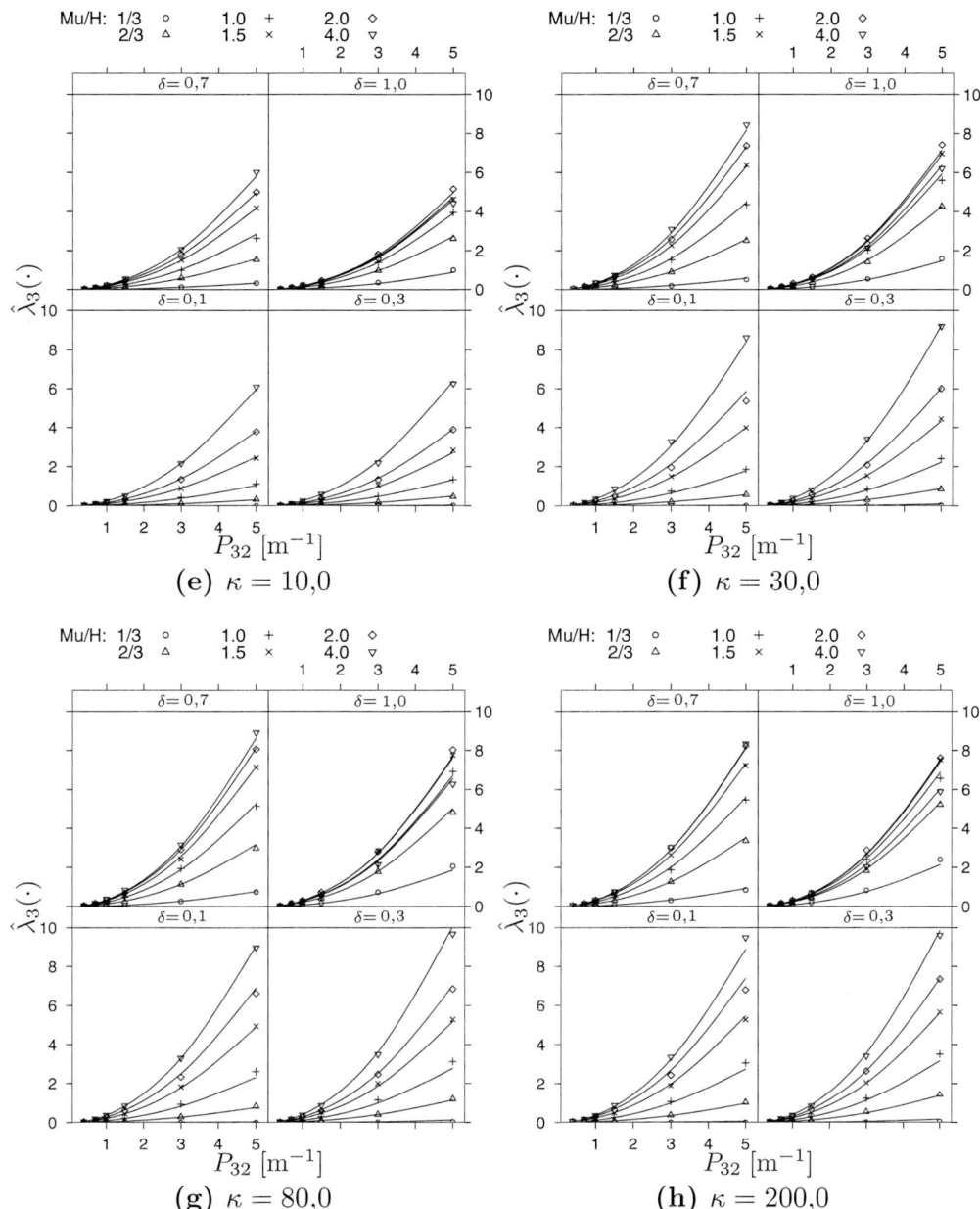

Figura 6.3 (cont.): Predicciones de la probabilidad de formación de bloques desplazables de tamaño medio en función de la intensidad de discontinuidades, para diversos valores de los parámetros μ_R/H, δ_R, y κ [Jiménez-Rodríguez y Sitar, 2008]

por tanto una dimensión final del espacio de regresión de $p = 35 - 10 = 25$). Los estimadores de máxima verosimilitud de los coeficientes del modelo se presentan en el Cuadro 6.4, y en las Figuras 6.4 y 6.5 se presentan las probabilidades de formación de bloques desplazables de gran tamaño calculadas con el modelo predictivo ajustado. (Los puntos representan los resultados de las simulaciones de Monte Carlo; las líneas las predicciones del modelo de regresión).

Cuadro 6.4: Estimadores de máxima verosimilitud de los coeficientes del modelo de regresión predictivo de la formación de bloques desplazables de tamaño grande [Jiménez-Rodríguez y Sitar, 2008]

Término	Estimador	Std. Error	P-valor
(Intercept)	-1.022112	0.003425	<2e-16
x_1	1.212338	0.005182	<2e-16
x_2	0.777367	0.003884	<2e-16
x_3	1.982431	0.004434	<2e-16
x_4	0.154628	0.001932	<2e-16
x_1^2	-0.763702	0.004697	<2e-16
x_2^2	-0.324752	0.007761	<2e-16
x_3^2	-0.012298	0.003738	0.00100
x_4^2	-0.072206	0.002143	<2e-16
x_1^3	0.068759	0.003419	<2e-16
x_2^3	-0.232509	0.003420	<2e-16
x_3^3	0.014902	0.003614	3.73e-05
x_4^3	0.012439	0.001181	<2e-16
$x_1 x_2$	-1.877237	0.006506	<2e-16
$x_1 x_3$	-0.001016	0.003457	0.76887
$x_1 x_4$	-0.095362	0.002030	<2e-16
$x_2 x_4$	-0.098851	0.002768	<2e-16
$x_2 x_1^2$	0.577149	0.004993	<2e-16
$x_3 x_1^2$	0.014100	0.004394	0.00133
$x_1 x_2^2$	-0.408644	0.003328	<2e-16
$x_4 x_2^2$	-0.020387	0.001522	<2e-16
$x_1 x_4^2$	-0.020250	0.001494	<2e-16
$x_2 x_4^2$	-0.015616	0.001041	<2e-16
$x_1 x_2 x_3$	0.012151	0.003047	6.68e-05
$x_1 x_2 x_4$	0.026194	0.001925	<2e-16

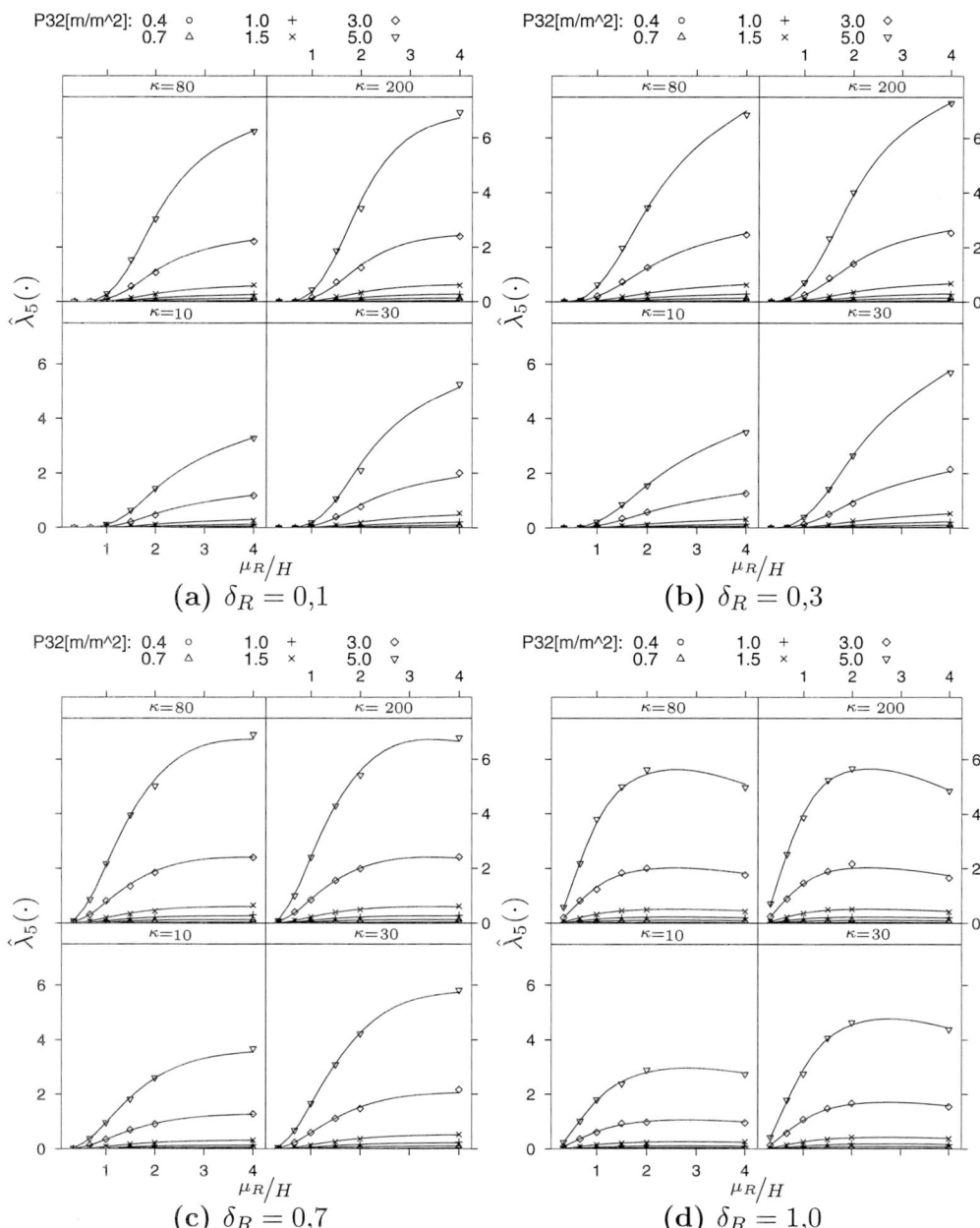

Figura 6.4: Predicciones de la probabilidad de formación de bloques desplazables de gran tamaño en función del radio medio de las discontinuidades, para diversos valores de los parámetros P_{32}, δ_R, y κ [Jiménez-Rodríguez y Sitar, 2008]

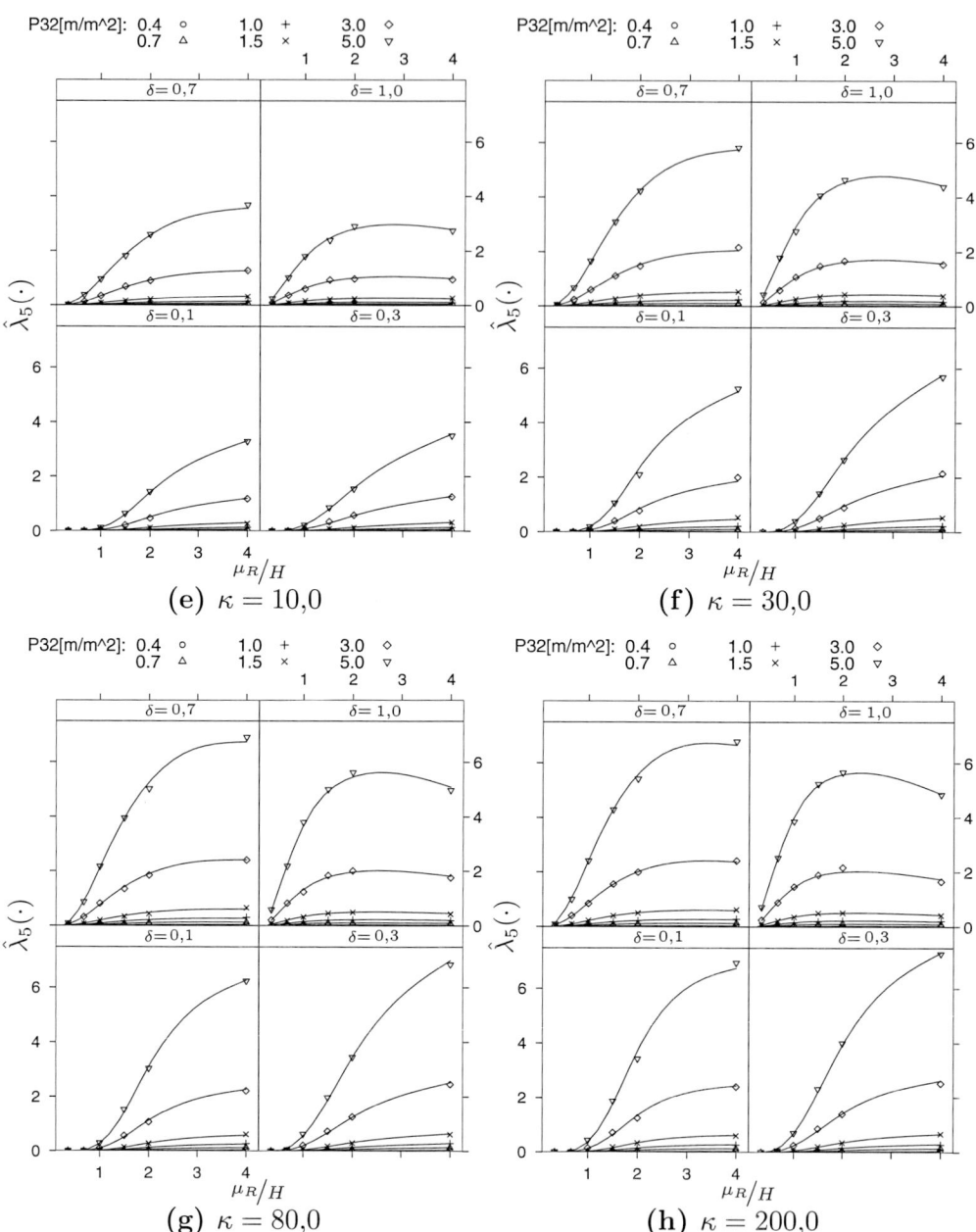

Figura 6.4 (cont.): Predicciones de la probabilidad de formación de bloques desplazables de gran tamaño en función del radio medio de las discontinuidades, para diversos valores de los parámetros P_{32}, δ_R, y κ [Jiménez-Rodríguez y Sitar, 2008]

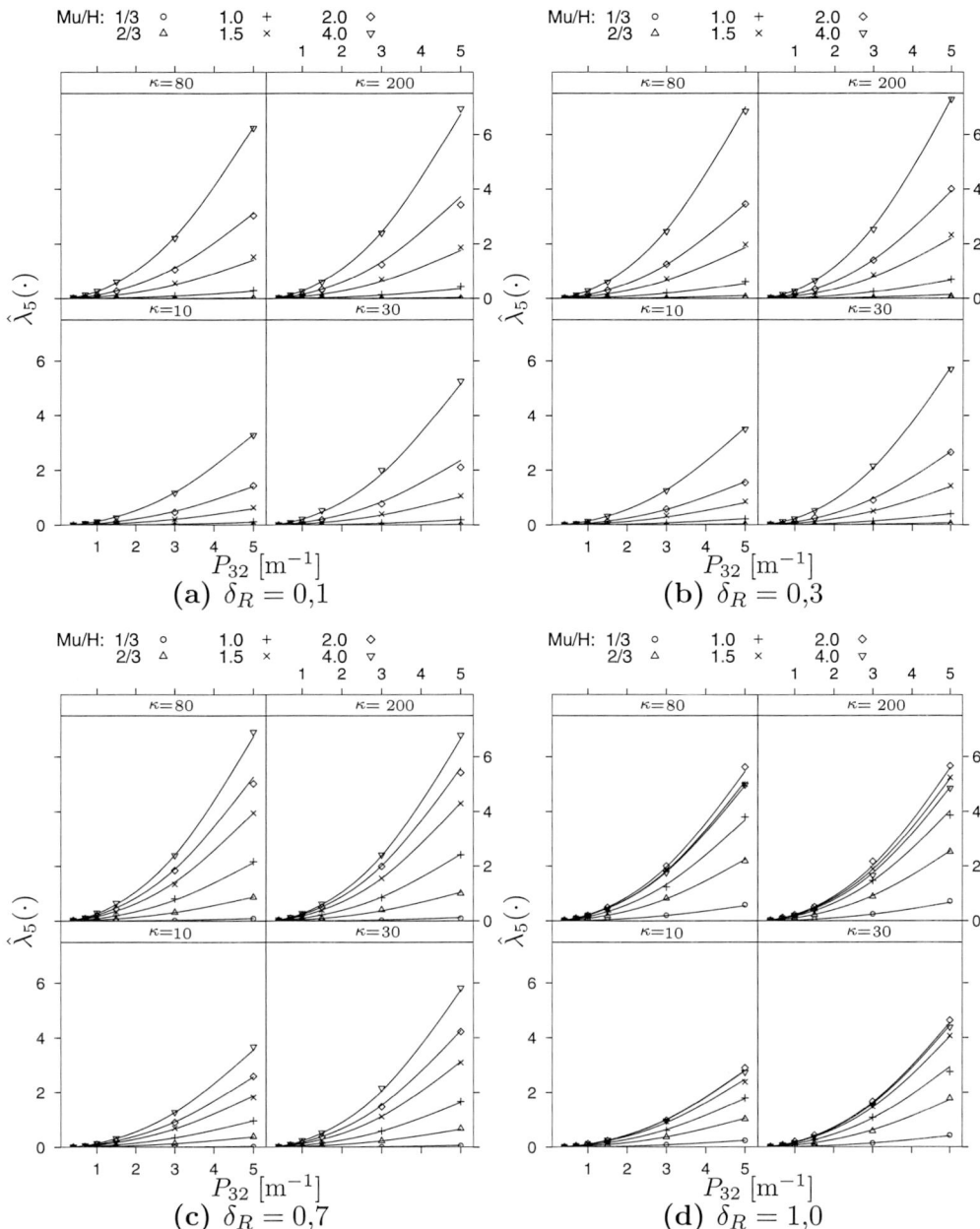

Figura 6.5: Predicciones de la probabilidad de formación de bloques desplazables de gran tamaño en función de la intensidad de discontinuidades, para diversos valores de los parámetros μ_R/H, δ_R, y κ [Jiménez-Rodríguez y Sitar, 2008]

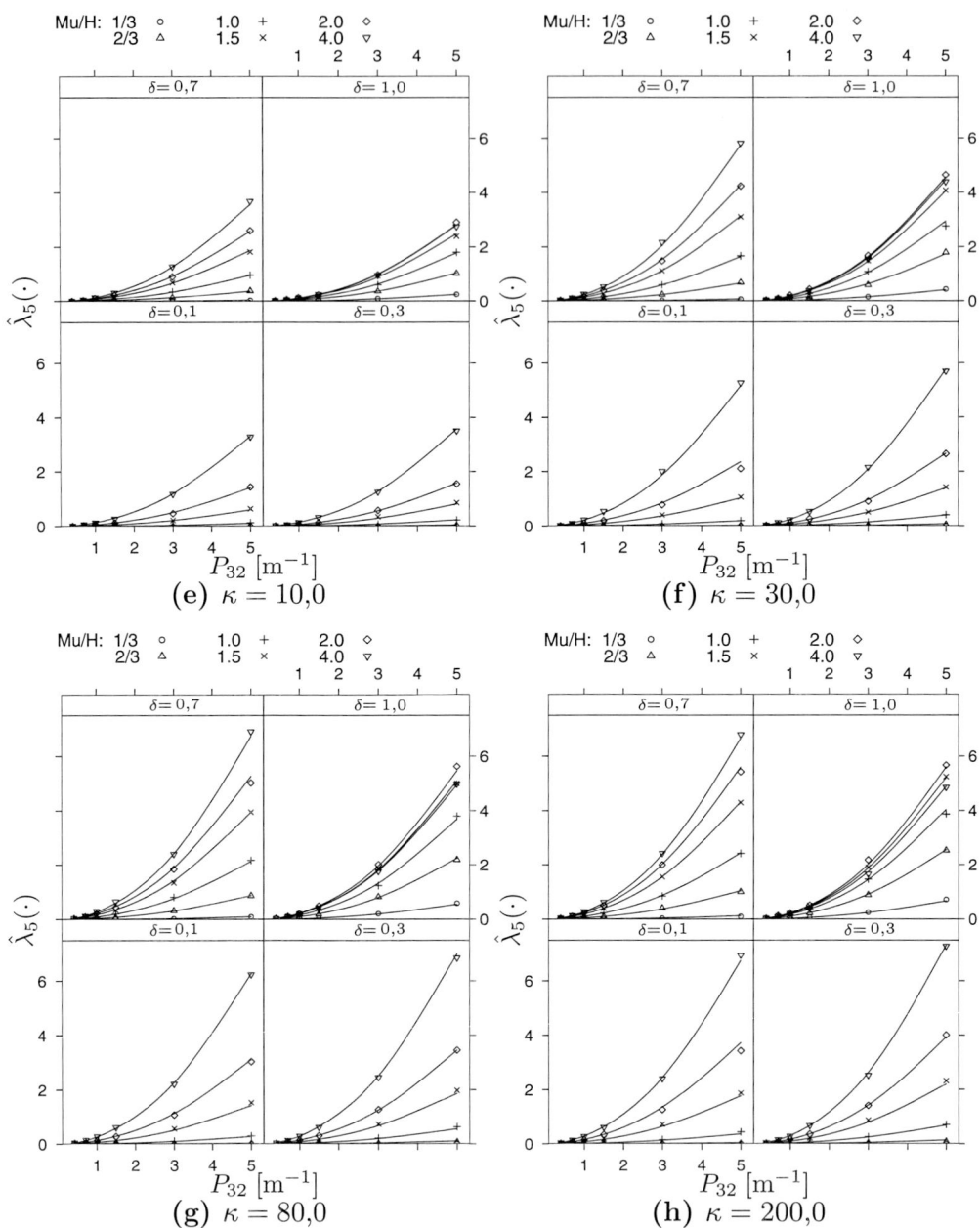

Figura 6.5 (cont.): Predicciones de la probabilidad de formación de bloques desplazables de gran tamaño en función de la intensidad de discontinuidades, para diversos valores de los parámetros μ_R/H, δ_R, y κ [Jiménez-Rodríguez y Sitar, 2008]

6.4. Discusión de resultados

Los resultados de la Sección 6.3.3 muestran que, en este caso, la probabilidad esperada de formación de bloques desplazables de gran tamaño es significativamente menor que la de bloques desplazables de tamaño medio. La causa fundamental es que, para discontinuidades de un tamaño dentro del rango considerado aquí, hay más posiciones en las que pueden situarse para formar bloques de menor tamaño que para formar bloques de mayor tamaño. Otra razón es que los bloques de mayor tamaño solo pueden producirse por las discontinuidades de mayor tamaño; en otras palabras, las discontinuidades de menor tamaño no pueden formar grandes bloques.

Los efectos de las variaciones de la intensidad de discontinuidades pueden estimarse a partir de las simulaciones realizadas. Así, las Figuras 6.3 y 6.5 muestran que un incremento de la intensidad volumétrica, P_{32}, aumenta de manera significativa, y siguiendo una relación no lineal, la probabilidad de formación de bloques desplazables de tamaño medio y grande ($\hat{\lambda}_3$ y $\hat{\lambda}_5$). Asimismo, el efecto de los cambios en P_{32} es independiente del valor de los restantes parámetros del modelo (por ejemplo, del tamaño de las discontinuidades y de su orientación). Esto es, las interacciones entre la P_{32} y los restantes parámetros no son significativas. (Puede comprobarse en los Cuadros 6.3 y 6.4 los bajos valores de los coeficientes de las interacciones entre x_3 y los restantes términos).

Estos resultados concuerdan bien con las predicciones teóricas. En particular, los efectos principales de P_{32} (*véanse* los Cuadros 6.3 y 6.4), presentan los coeficientes estimados de $\hat{\beta}_{x_3} \approx 1{,}98$ en ambos casos: si todos los restantes factores se mantienen constantes, la probabilidad de formación de bloques desplazables sería proporcional a $(P_{32})^{1{,}98}$. Del mismo modo, Mauldon [1994] y Mauldon [1992] (*véase* también Hatzor y Feintuch [2005]) demostraron que, si los restantes factores se mantienen constantes, el incremento de P_{32} en una familia de discontinuidades por un factor K aumenta la probabilidad de que se produzcan intersecciones de discontinuidades por el mismo factor. Ello implica que, si se produce también un aumento en la intensidad de la otra familia de forma proporcional a K, se estaría aumentando la probabilidad de intersección original por K^2, lo que coincidiría por tanto con las predicciones de nuestro

modelo. Además, como la probabilidad de intersección de las discontinuidades
está relacionada con la probabilidad de formación de bloques [Mauldon, 1994],
puede esperarse que la formación de bloques desplazables aumente también de
forma proporcional a dicho factor, como sugieren las simulaciones presentadas.

El tamaño medio de las discontinuidades también afecta a las predicciones
del modelo. (Esta observación podía esperarse ya que, como se menciona más
arriba, los tamaños de los bloques que se formen estarán necesariamente limi-
tados por el tamaño de las discontinuidades que los forman). En este caso, la
probabilidad de formación de bloques desplazables de tamaño medio y grande
es muy sensible a los cambios en el tamaño de las discontinuidades cuando las
mismas son más pequeñas que aproximadamente una a dos veces la altura del
talud (esto es, para $\mu_R/H < 2$); por el contrario, es menos sensible a los cambios
de μ_R cuando se consideran discontinuidades de mayor tamaño (esto es, para
$\mu_R/H \geq 2$). En ambos casos, la sensibilidad a los cambios en el tamaño medio de
las discontinuidades depende mucho de su variabilidad, según se indica mediante el coeficiente de variación, δ_R; es decir, la influencia del tamaño medio de las
discontinuidades depende de la variabilidad de los propios tamaños. (En terminología estadística, existe una interacción entre μ_R/H y δ_R). Esta observación
está avalada, además, por los valores altos de los coeficientes de los términos
x_1x_2, $x_1x_2^2$, y $x_1^2x_2$ en los Cuadros 6.3 y 6.4. La información acerca de los efectos
de las interacciones entre las variables de entrada del modelo no es habitual en
la literatura técnica, y es una ventaja adicional de la metodología empleada
[Starzec y Andersson, 2002a].

Por último, los resultados muestran que los cambios en las orientaciones de
las discontinuidades alrededor de su valor medio afectan a la probabilidad de
formación de bloques desplazables. Por ejemplo, aumentar la concentración de
las orientaciones de discontinuidades hacia la orientación media de cada familia
aumenta la probabilidad de formación de bloques desplazables. Esta observación, sin embargo, no es general y depende de las orientaciones específicas de las
familias. Por ejemplo, dado que dos discontinuidades deben intersectarse para
formar una cuña, su probabilidad más alta de intersección ocurre cuando ambas
tienen orientaciones constantes y perpendiculares entre sí [Hatzor y Feintuch,
2005; Mauldon, 1992,~ 1994]. (En ese caso, una variabilidad de la orientación

producirá menos intersecciones). Si, por el contrario, ambas familias son aproximadamente paralelas, entonces un cambio en sus orientaciones generalmente aumentará su probabilidad de intersección. En cualquier caso, dado que la influencia de la variabilidad de las orientaciones es significativamente menor que para la intensidad de las discontinuidades y para su tamaño, no se discute aquí en mayor profundidad.

Parte III

Probabilidad de fallo de bloques desplazables

Capítulo 7

Introducción a la teoría de fiabilidad

7.1. Introducción

El concepto de 'factor de seguridad' tradicional, aunque simple, presenta problemas para considerar la variabilidad de las propiedades del terreno o de las cargas aplicadas [Whitman, 1984]. Puede llegarse incluso a la situación paradójica de que un mayor factor de seguridad se asocie a una mayor probabilidad de fallo. El *método observacional* [Peck, 1969], utilizado a menudo para tratar con las incertidumbres, también presenta debilidades, como su aplicabilidad "... solo si el proyecto puede ser cambiado durante el proceso de construcción con la base del comportamiento observado" [Christian *et al.*, 1994]. A pesar de todo, los métodos deterministas pueden ser adecuados en problemas sencillos, bien conocidos y calibrados, y en los que las consecuencias económicas del fallo sean escasas. En otros casos, pueden adoptarse enfoques *subjetivos* a partir de factores de seguridad 'adecuados', definidos basándose en experiencias previas, y considerando la dispersión de la información y el método de construcción [Kalamaras, 1996]. No obstante, su subjetividad hace que los efectos de las diversas fuentes de incertidumbre no puedan ser cuantificadas.

Los *métodos probabilistas* son una alternativa que permite tratar las incertidumbres de un modo cuantitativo y sistemático. La incorporación de ideas probabilísticas a la ingeniería geotécnica ha sido menos intensa que en otras ramas de la ingeniería [Christian *et al.*, 1994]. Pueden mencionarse diversas causas: la dificultad de ejercitar el 'pensamiento probabilista' [Juang *et al.*, 1998]; la dificultad emocional de admitir probabilidades de fallo *finitas* [Kalamaras, 1996]; o incluso a la 'barrera del lenguaje' probabilista, con el que los ingenieros geotécnicos a menudo no están familiarizados [Whitman, 1984]. Sin embargo, la necesidad de optimizar diseños con una mínima inversión en exploración; de tratar con problemas 'no tradicionales', sin 'calibraciones' realizadas a partir de experiencias previas; y los requerimientos de la sociedad para una estimación explícita del riesgo [Kalamaras, 1996] han producido un cambio de actitud, de modo que las aplicaciones probabilistas son cada vez más comunes en las nuevas normativas y recomendaciones [Ministerio de Fomento, 2002; Nilsen, 2000; *ROM 0.5-05. Recomendaciones Geotécnicas para Obras Marítimas*, 2005].

Los análisis probabilistas, según Ditlevsen y Madsen [1996], buscan responder a la siguiente pregunta:

> "¿Cuál es la probabilidad de que una construcción ingenieril se comporte de un modo determinado, sabiendo que una o más de sus propiedades resistentes o geométricas son aleatorias o no completamente conocidas, y/o que las acciones sobre la estructura son de algún modo aleatorias o no completamente conocidas?"

Ello abre la puerta a la definición de «probabilidad» o «probabilidad de fallo», lo cual trae asociadas, a su vez, dificultades de interpretación, si bien la interpretación puede facilitarse en casos en los que se conozca completamente el origen —«aleatorio» o «epistémico»— de las incertidumbres involucradas [Baecher y Christian, 2003].[1]

En este capítulo se presenta una breve introducción a los métodos de fiabilidad empleados para calcular, de modo cuantitativo y sistemático, la probabilidad de fallo necesaria en todo análisis de riesgos (Figura 1.2). (Para una exposición más detallada, véanse [Ang y Tang, 1975a; Der Kiureghian, 1989;

---

[1]Para una mayor discusión sobre las diversas interpretaciones posibles de la definición de «probabilidad», y en particular sobre la «dualidad frecuencia/creencia», *véase* Vick [2002]; y, para una discusión sobre la influencia del tipo de incertidumbre, Der Kiureghian y Ditlevsen [2009].

Ditlevsen y Madsen, 1996; Jiménez-Rodríguez, 2001]). En el Capítulo 8 se aplican estas teorías a la estabilidad de los bloques desplazables identificados en el Capítulo 6.

7.2. Fuentes de incertidumbre en ingeniería

Existen diversas fuentes de incertidumbre al analizar la fiabilidad de un proyecto en ingeniería de rocas. De modo general, pueden considerarse los siguientes tipos [Der Kiureghian, 1999; Ditlevsen y Madsen, 1996]:

Variabilidad inherente o aleatoriedad, de la mayoría de los fenómenos naturales con los que se trabaja en ingeniería civil. Puede existir tanto asociada a las propiedades de la construcción, como del ambiente al que la misma está expuesta [Der Kiureghian, 1989].

Incertidumbre estadística, que aparece al estimar los parámetros de las distribuciones estadísticas que caracterizan la «variabilidad inherente» o «aleatoriedad» —los parámetros estimados son inciertos si la cantidad de información es finita.

Errores de medida, en la medida u observación de datos. Como a veces fluctúan aleatoriamente con media cero, pueden eliminarse en ocasiones tomando la media de varias medidas. Sin embargo, cuando los errores de medida se originan en un error sistemático; o cuando la propia medida altera las propiedades —por ejemplo, una probeta de roca que se rompe para estimar su resistencia a compresión simple— no es posible eliminar dichos errores.

Errores de modelización, debidos al uso de modelos matemáticos imperfectos —tanto en sus aspectos mecánicos como estadísticos, y debido a la falta de conocimiento o a las simplificaciones introducidas— para describir fenómenos complejos.

Errores humanos, o «errores radicales» en la terminología de Ditlevsen y Madsen [1996], que consisten errores de diseño, construcción y/o mantenimiento, que no se consideran habitualmente en los análisis de fiabilidad.

(Los desastres naturales y los fallos debidos a sucesos bélicos, terrorismo, o similares, también podrían incluirse aquí).

Existe una diferencia fundamental entre la incertidumbre debida a la aleatoriedad, y la debida al desconocimiento producido por el resto de fuentes [Der Kiureghian, 1989,~ 1999]: mientras que la aleatoriedad es irreducible y más allá de nuestro control, las incertidumbres debidas a errores estadísticos o del modelo son teóricamente reducibles —se las llama «epistémicas», palabra que proviene del griego *episteme*, que significa «conocimiento» [Der Kiureghian y Ditlevsen, 2009]. Por ejemplo, puede obtenerse más información y información de más calidad, o usarse modelos más refinados.

Cuando sean variables aleatorias continuas, puede adjudicarse a dichas variables una función densidad de probabilidades (PDF) que represente nuestro "estado de conocimiento" —basado en datos reales de observaciones o ensayos, en experiencias y conocimientos previos, así como en opiniones de expertos— sobre los parámetros del modelo en cada momento. A medida que se dispone de información adicional, la función densidad puede ser actualizada, lo que habitualmente reduce la incertidumbre. Para ello, puede emplearse la *"Teoría Bayesiana"* [Feng y Jiménez, 2014; Gardoni *et al.*, 2002].

7.3. Caracterización de las variables de entrada

El análisis de fiabilidad que se propone aquí comienza con la caracterización, mediante variables aleatorias, de los estados de conocimiento (o incertidumbre) que se tienen sobre cada parámetro o propiedad del modelo de comportamiento considerado, el cual se asumirá como 'exacto'. Dicha definición de variables puede basarse en la información disponible —por ejemplo, ensayos de laboratorio o en el conocimiento físico del problema— que, junto con consideraciones estadísticas [Uzielli *et al.*, 2007], ayuda a seleccionar el tipo de distribución más adecuado a cada caso. No obstante, como se trata de un análisis específico para cada problema, la selección del tipo de distribuciones para las variables aleatorias que afectan al fallo de bloques desplazables se discute en mayor profundidad en el Capítulo 8.

7.4. La fiabilidad de un componente

7.4.1. La fiabilidad de un componente ideal

Para analizar la fiabilidad de un componente "ideal", asumimos que el mismo tiene una resistencia R y está sometido a una carga S. (Nótese que «resistencia» y «carga» se usan en sentido general: Una variable de resistencia será aquella que al aumentar disminuye la probabilidad de fallo; para una variable de carga será al contrario). Si, por simplicidad, consideramos que R y S son no negativas, con una función densidad de probabilidades conjunta $f_{RS}(r, s)$, y definimos el fallo del componente como el evento $\{R \leq S\}$, la probabilidad de fallo viene dada por:

$$P_f = P(R \leq S) = \iint_{r \leq s} f_{RS}(r, s) dr ds \tag{7.1a}$$

$$= \int_0^\infty F_R(s|s) f(s) ds \tag{7.1b}$$

$$= \int_0^\infty [1 - F_S(r|r) f(r) dr \tag{7.1c}$$

donde $F_R(\cdot|s)$ y $F_S(\cdot|r)$ son, respectivamente, las funciones de distribución acumuladas (CDF) de R o S *condicionadas* a un valor de $S = s$ o $R = r$. La Figura 9.4 muestra una interpretación gráfica de las integrales de la Ecuación (7.1) cuando R y S son estadísticamente independientes.

La probabilidad de fallo, P_f, depende del 'solape' entre las funciones densidad de R y S; cualquier medida que lo reduzca, reducirá P_f. La Figura 7.2 muestra un ejemplo de la disminución de P_f al acercarse los valores medios, o al disminuir el coeficiente de variación —esto es, la incertidumbre— de las distribuciones de R o S.

7.4.2. La fiabilidad de un componente 'general'

A menudo, las variables de 'resistencia' y 'carga', R y S, en las que se basa la Sección 7.4.1 no son 'identificables', y no es posible asignarles directamente sus distribuciones estadísticas. Supongamos que $\mathbf{X} = (X_1, X_2, \ldots, X_n)$ representa un vector de n variables aleatorias, que $\mathbf{x} = (x_1, x_2, \ldots, x_n)$ es una realiza-

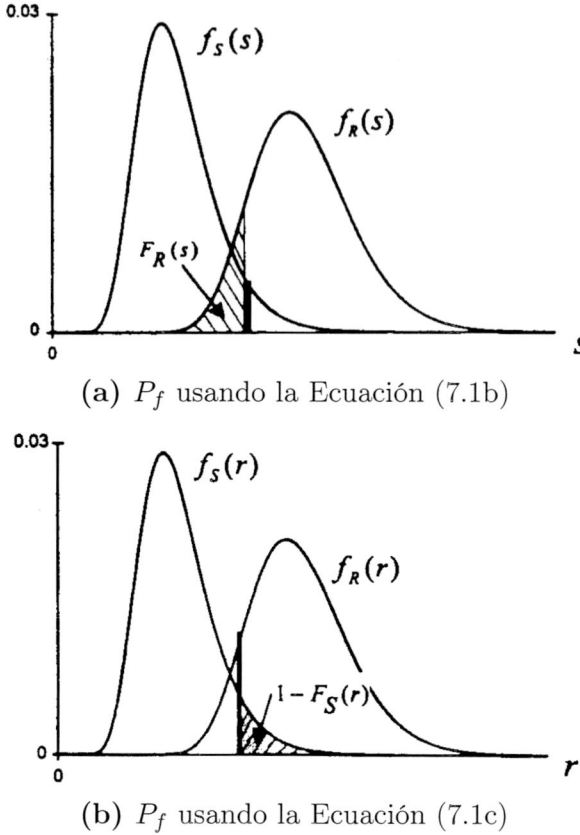

(a) P_f usando la Ecuación (7.1b)

(b) P_f usando la Ecuación (7.1c)

Figura 7.1: Interpretación de la integral de la P_f para R y S independientes [Der Kiureghian, 1999]

ción posible de dichas variables; y que puede definirse una función (escalar) de estado límite (LSF), $g(\mathbf{x}) : \mathbb{R}^n \to \mathbb{R}$, que informa sobre el 'fallo' o 'no-fallo'. (Mantendremos la convención habitual de que $g(x_1, x_2, \ldots, x_n) > 0$ representa el 'no-fallo' y $g(x_1, x_2, \ldots, x_n) < 0$ representa el 'fallo'). La probabilidad de fallo resulta:

$$P_f = P(g(\mathbf{x}) \leq 0) = \int_{g(\mathbf{x}) \leq 0} f(\mathbf{x}) d\mathbf{x} \qquad (7.2)$$

donde $f(\mathbf{x})$ es la función densidad conjunta de las variables de entrada del modelo, $\mathbf{x}$. Nótese que la condición $g(\mathbf{x}) = 0$ separa los dominios de fallo y éxito, y que P_f es el volumen de probabilidad $f(\mathbf{x})$ en el dominio de fallo.

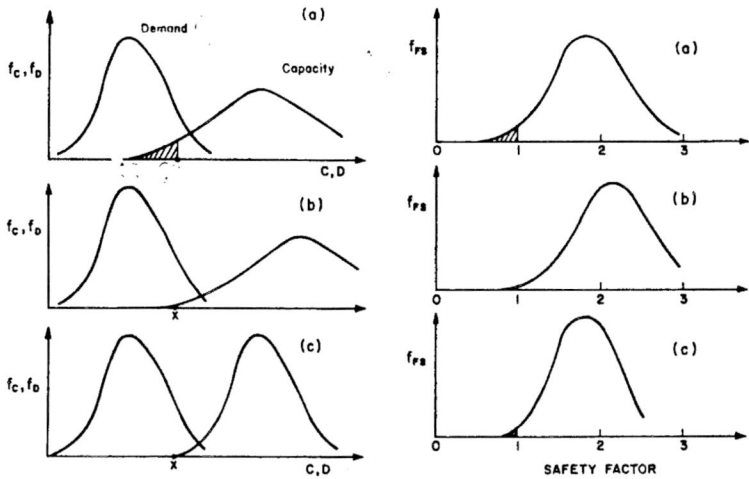

Figura 7.2: Reducción de P_f por aumento de la distancia entre medias o por disminución de incertidumbre [Whitman, 1984]

(*Véase* la Figura 7.3).

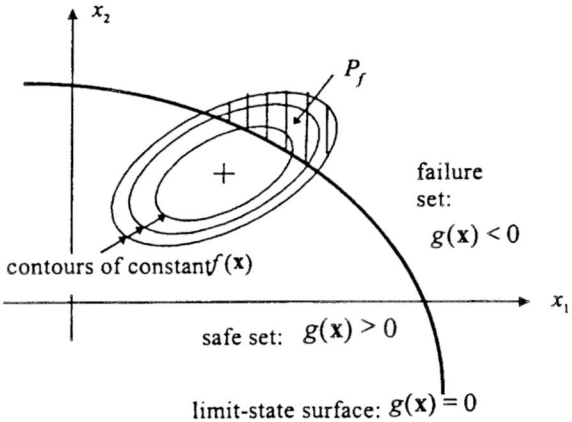

Figura 7.3: Ilustración de la fiabilidad de un componente general [Der Kiureghian, 1999]

Bajo la hipótesis de «conocimiento perfecto» (esto es, sin incertidumbres epistémicas; *véase* la Sección 7.2), la probabilidad de fallo, P_f, obtenida de este modo sería una medida "estricta" de la seguridad [Der Kiureghian, 1989]. Pero el conocimiento (casi) nunca es perfecto, con lo que la P_f es incierta en sí misma, de modo que solo puede estimarse e interpretarse en un contexto probabilista [Der Kiureghian, 1989]; en otras palabras, son posibles varias formulaciones del índice de fiabilidad. Der Kiureghian [1989] revisa algunos índices de fiabilidad propuestos en la literatura; aquí se usará, por conveniencia y tradición, el «índice de fiabilidad generalizado» [Ditlevsen, 1979a], que se relaciona unívocamente con P_f mediante:

$$\beta = \Phi^{-1}(1 - P_f) \qquad (7.3)$$

donde Φ es la CDF de la distribución (unidimensional) normal estándar (esto es, de media nula y varianza unidad). La Ecuación 7.3 asume que P_f tiene una distribución normal, lo cual puede apoyarse con diversas argumentaciones basadas en el teorema central del límite [Ang y Tang, 1975b]. Además, Baecher y Christian [2008] discuten la influencia del tipo de distribución estadística en los resultados de probabilidad de fallo asociada a un índice de fiabilidad dado. Sus resultados muestran que la P_f calculada bajo la hipótesis de distribución normal actuaría como cota superior de las P_f calculadas para varios tipos plausibles de distribución estadística —triangular, lognormal, etc.— lo que abunda en la adecuidad de esta suposición.

Se ha visto, por tanto, que la estimación de la fiabilidad nos lleva a integrales como la Ecuación (7.2). En general, la resolución directa de estas integrales n-dimensionales es difícil con los métodos de integración habituales. Esto ha dado lugar al desarrollo de nuevos métodos para calcular estas integrales —son los conocidos como «métodos de fiabilidad». Entre todos ellos, destacan los métodos de fiabilidad en primer orden (FORM) y en segundo orden (SORM), así como los métodos de simulación, como el método de Monte Carlo o la simulación direccional.

Los métodos de fiabilidad en primer orden y segundo orden pueden emplearse cuando las variables básicas, $\mathbf{x}$, tienen funciones de distribución de probabilidades estrictamente crecientes. Pueden formularse como sigue [Bjerager, 1990]:

(1) Transformación de las variables básicas u originales, $\mathbf{X}$, al espacio normal estándar, con variables normales $N(0,1)$ e estadísticamente independientes,

U;[2]

(2) determinación del punto de fallo más probable en el espacio normal estándar, u^*, al que llamaremos «punto de diseño»,

(3) aproximación —lineal en FORM y parabólica en SORM— de la función de
estado límite (una vez transformada al espacio normal estándar), usando
como referencia el punto de diseño; y,

(4) cálculo de la probabilidad de fallo, P_f, de acuerdo con la aproximación
elegida en el punto 3 y con las propiedades del espacio normal estándar
(Sección 7.4.3).

7.4.3. El espacio normal estándar

En el espacio normal estándar, las variables 'físicas' del espacio original
$\mathbf{x} = (x_1, x_2, \ldots, x_n)$ se transforman en un vector $\mathbf{u} = (u_1, u_2, \ldots, u_n)$ con la
siguiente función (Gaussiana) de densidad conjunta de probabilidades:

$$\varphi_n = \frac{1}{(2\pi)^{n/2}} \exp\left(-\frac{1}{2} u^T u\right) \tag{7.4}$$

donde n indica el número de variables consideradas. Como ejemplo, la Figura 7.4
muestra el espacio normal estándar para $n = 2$.

El interés de transformar al espacio normal estándar se debe a sus propiedades; a saber:

(a) $\varphi_n(\mathbf{u})$ es simétrico frente a rotaciones, y disminuye exponencialmente con
el cuadrado de la distancia desde el origen.

(b) En un hiper-plano $\beta - \boldsymbol{\alpha}^T \mathbf{u} = 0$, donde β es su distancia desde el origen y
$\boldsymbol{\alpha}$ es el vector unitario normal exterior a dicho plano, la función densidad
es máxima en $\mathbf{u}^* = \beta\,\boldsymbol{\alpha}$, y decae exponencialmente con el cuadrado de la
distancia a $\mathbf{u}^*$.

---

[2]Aunque la transformación al espacio normal estándar no es siempre necesaria —*véase*,
por ejemplo, Low [1997] y otros trabajos posteriores del mismo autor— se emplea aquí al
facilitar la explicación de los métodos de fiabilidad.

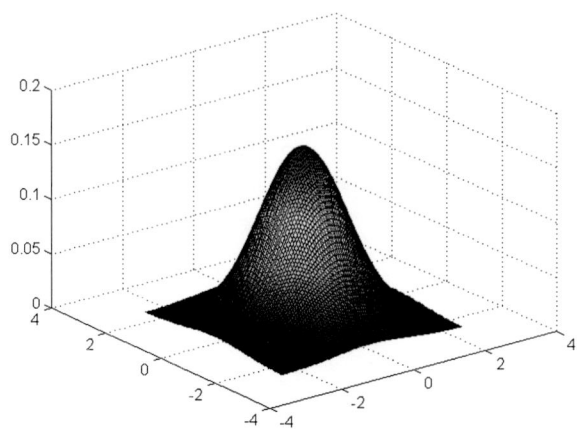

Figura 7.4: El espacio normal estándar con $n = 2$

(c) El volumen de probabilidad incluido en el semiespacio $\beta - \boldsymbol{\alpha}^T \mathbf{u} \leq 0$ es $P_1 = \Phi(-\beta)$, donde $\Phi(\cdot)$ es la función de distribución de una variable normal estándar.

(d) El volumen de probabilidad del conjunto parabólico $\beta - u_n + \frac{1}{2} \sum_{i=1}^{n-1} \kappa_i u_i^2 \leq 0$ es [Tvedt, 1990]:

$$P_2 = \varphi(\beta)\, Re\left\{ \mathrm{i}\sqrt{\frac{2}{\pi}} \int_0^{i\infty} \frac{1}{s} \exp\left[\frac{(s+\beta)^2}{2}\right] \prod_{i=1}^{n-1} \frac{1}{\sqrt{1+\kappa_i s}}\, ds \right\} \qquad (7.5)$$

donde $\mathrm{i} = \sqrt{-1}$ representa a la unidad imaginaria, $Re(\cdot)$ es la parte real de un número imaginario, y $\varphi(\cdot)$ es la función densidad de probabilidades de la variable normal estándar unidimensional. Una expresión más simple, derivada por Breitung [1984] y mejorada por Hohenbichler y Rackwitz [1988], es:

$$P_2 \cong \Phi(-\beta) \prod_{i=1}^{n-1} \frac{1}{\sqrt{1 + \Psi(\beta)\kappa_i}} \qquad (7.6)$$

donde $\Psi(\beta) = \varphi(\beta)/\Phi(-\beta)$.

(e) El contenido de probabilidad fuera de un dominio esférico de radio β, es $P_s = 1 - \chi_n^2(\beta)^2$, donde $\chi_n^2(\cdot)$ es la función de distribución chi-cuadrado con

n grados de libertad.

7.4.4. Transformación al espacio normal estándar

Para transformar las variables aleatorias originales $\mathbf{x}$ al espacio normal estándar, $\mathbf{u}$, se emplea un mapeado uno-a-uno adecuado a cada caso. La Figura 7.5 muestra un ejemplo de la transformación para un caso en dos dimensiones.

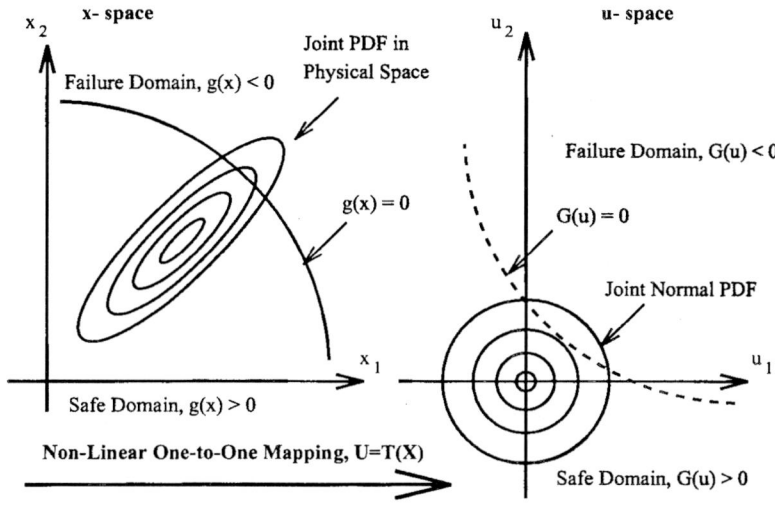

Figura 7.5: Transformación desde el espacio original al espacio normal estándar [Hamed y Bedient, 1999]

Existen varias transformaciones posibles. Dependiendo de (i) el nivel de información estadística disponible; (ii) si las variables originales $\mathbf{X}$ son normales o no; y (iii) si las variables originales $\mathbf{X}$ son estadísticamente independientes o no. En general, denotaremos a la transformación por medio de $\mathbf{u} = \mathbf{u}(\mathbf{x})$, a su jacobiano con $\mathbf{J}_{\mathbf{u},\mathbf{x}} = [\partial u_i / \partial x_j]$; la transformación inversa y su jacobiano serán $\mathbf{x} = \mathbf{x}(\mathbf{u})$, y $\mathbf{J}_{\mathbf{x},\mathbf{u}} = [\partial x_i / \partial u_j] = \mathbf{J}_{\mathbf{u},\mathbf{x}}^{-1}$.

A continuación, como ejemplo, presentaremos algunas de las transformaciones más frecuentes de variables normales o estadísticamente independientes [Der Kiureghian, 1999]; para otros casos —variables correlacionadas con distribución de Nataf, variables no normales con otras estructuras de dependencia estadística— puede consultarse la literatura sobre el tema [Der Kiureghian, 1999; Jiménez-Rodríguez, 2001].

Variables aleatorias con distribución conjunta normal: si las variables
$\mathbf{x}$ tienen distribución conjunta normal, con vector de medias $\mathbf{M}$ y matriz
de covarianzas $\Sigma = [\rho_{ij}\sigma_i\sigma j]$, podemos definir la matriz de desviaciones
típicas $\mathbf{D}$ como $\mathbf{D} = diag[\sigma_i]$, y la matriz de correlación como $\mathbf{R} = [\rho_{ij}]$,
con $\Sigma = \mathbf{DRD}$.

La transformación al espacio normal estándar se realiza mediante la trans-
formación lineal de Hasofer-Lind: $\mathbf{u} = \mathbf{L}^{-1}\mathbf{D}^{-1}(\mathbf{x} - \mathbf{M})$ donde $\mathbf{R} = \mathbf{LL^t}$.

El jacobiano de la transformación será $\mathbf{J_{u,x}} = \mathbf{L}^{-1}\mathbf{D}^{-1}$ mientras que la
transformación inversa y su jacobiano serán $\mathbf{x} = \mathbf{M} + \mathbf{DLu}$ y $\mathbf{J_{x,u}} = \mathbf{DL}$
respectivamente.

Variables aleatorias independientes con distribución no normal si las
variables $\mathbf{x}$ son estadísticamente independientes, con funciones densidad
$f_i(x_i)$ y funciones de distribución $F_i(x_i)$, la siguiente transformación no-
lineal produce las variables normales estándar deseadas:

$$u_i = \Phi^{-1}[F_i(x_i)] \qquad i = 1, 2, \ldots, n \qquad (7.7)$$

El jacobiano de la transformación será:

$$\mathbf{J_{u,x}} = diag\left[\frac{f_i(x_i)}{\varphi(u_i)}\right] \qquad (7.8)$$

La transformación inversa se obtiene al resolver $\mathbf{u} = \mathbf{u(x)}$, y el jacobiano
$\mathbf{J_{x,u}}$ al invertir $\mathbf{J_{u,x}}$.

7.4.5. Determinación del punto de diseño

El punto de diseño, $\mathbf{u}^*$, representa el punto del dominio de fallo con mayor
probabilidad de ocurrencia —es también conocido como "punto de fallo más
probable". Una vez determinado $\mathbf{u}^*$, puede mapearse al espacio original de las
variables, resultando $\mathbf{x}^*$, si bien $\mathbf{x}^*$ será el punto de fallo más probable en el
espacio original solo si la transformación es lineal.

El punto de diseño $\mathbf{u}^*$ se obtiene al resolver el siguiente problema de optimización con restricciones:

$$\mathbf{u}^* = \min\{\|\mathbf{u}\| \quad | \quad G(\mathbf{u}) = 0\} \tag{7.9}$$

donde $G(\mathbf{u}) = g(\mathbf{x}(\mathbf{u}))$ es la superficie de estado límite, expresada en el espacio de las variables estándar normales. Esto es, la restricción también puede expresarse como $G(\mathbf{u}) = g(\mathbf{x}(\mathbf{u})) = 0$.

Se han propuesto varios algoritmos para resolver este problema. Por ejemplo, Liu y Der~Kiureghian [1991] comparan —basándose en su eficiencia y comportamiento— varios algoritmos, concluyendo que el "algoritmo HL-RF" es el más eficiente; sin embargo, como puede fallar en algunas situaciones, Zhang y Der Kiureghian [1995] desarrollaron el "algoritmo HL-RF mejorado" (iHL-RF). Aunque posteriormente se han desarrollado otros algoritmos para resolver este problema [dos Santos *et al.*, 2008], su coste computacional es más alto, con lo que el algoritmo iHL-RF, que se emplea aquí para resolver el problema de fiabilidad de la Ecuación (7.9), aparece como un buen compromiso entre exactitud y coste computacional.

7.4.6. El método de fiabilidad en primer orden (FORM)

El problema de la fiabilidad puede plantearse con la superficie de estado límite en el espacio normal estándar. La integral de la probabilidad en la Ecuación (7.2) se convierte en:

$$P_f = P(G(\mathbf{u}) \leq 0) = \int_{G(\mathbf{u}) \leq 0} \varphi_n(\mathbf{u}) d\mathbf{u} \tag{7.10}$$

Para obtener una aproximación en primer orden de la probabilidad de fallo, P_f, puede linearizarse la función de estado límite (o contorno de integración) mediante el siguiente hiperplano tangente en el punto de diseño $\mathbf{u}^*$:

$$G(\mathbf{u}) \cong G(\mathbf{u}^*) + \nabla \mathbf{G}^T (\mathbf{u} - \mathbf{u}^*) \tag{7.11}$$

donde $\nabla \mathbf{G} = [\partial G/\partial u_1, \ldots, \partial G/\partial u_n]^T$ es el vector gradiente. El motivo por el que se emplea $\mathbf{u}^*$ como punto de linearización es que es el que más contribuye a P_f en la Ecuación (7.10) (recuérdese la propiedad (a) del espacio normal estándar presentada en la Sección 7.4.3).

Para $\mathbf{u}^*$, se cumple que $G(\mathbf{u}^*) = 0$ y por tanto el dominio de fallo aproximado es el semiespacio $\nabla \mathbf{G}^T (\mathbf{u} - \mathbf{u}^*) \leq 0$. Basándonos en la propiedad (c) del espacio normal estándar, la aproximación en primer orden de P_f es:

$$P_f \cong P_1 = \Phi(-\beta) \tag{7.12}$$

donde $\beta = \boldsymbol{\alpha}^T \mathbf{u}^*$ —también llamado el *índice de fiabilidad*— es la distancia más corta desde el origen a la superficie de fallo, y $\boldsymbol{\alpha} = -\nabla \mathbf{G}/\|\nabla \mathbf{G}\|$ es el vector unitario gradiente normal negativo de dicha superficie.

La Figura 7.6 muestra una representación de la resolución mediante FORM.

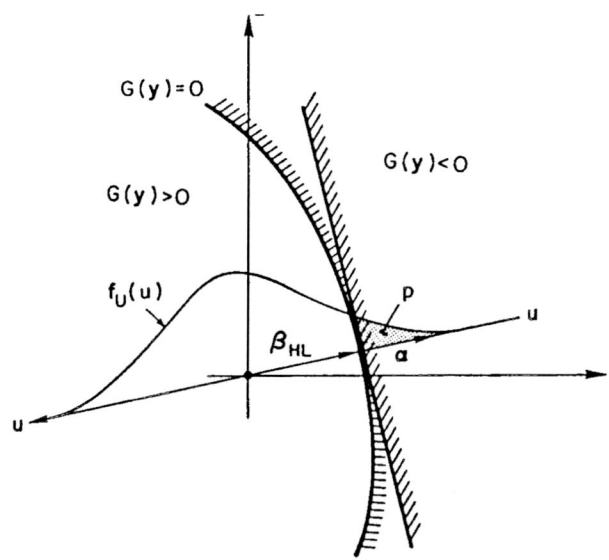

Figura 7.6: Cálculo de la fiabilidad mediante FORM [Der Kiureghian, 1999]

La aproximación asociada al FORM no considera la curvatura de la superficie de estado límite en el punto de diseño. Por ello, en los tres ejemplos mostrados en la Figura 7.7, se obtendría la misma probabilidad de fallo e índices de fiabilidad, aunque en realidad $P_{f,1} < P_{f,2} < P_{f,3}$. No obstante, el método

FORM ofrece buenos resultados con pequeño esfuerzo computacional, sobre todo cuando la función de estado límite $G(\mathbf{u}) = 0$ no es fuertemente no-lineal.

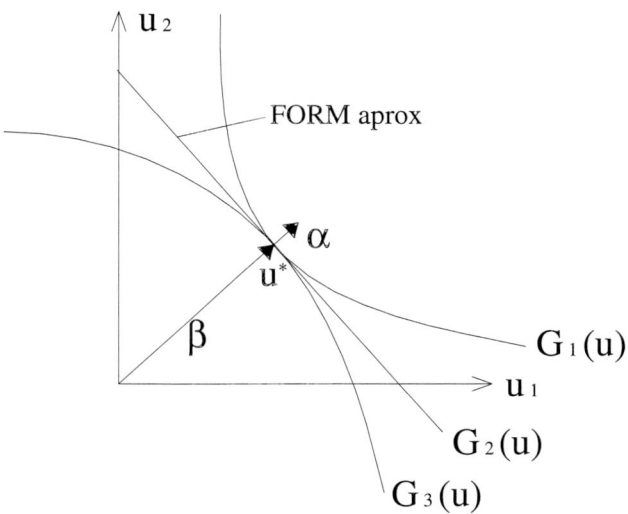

Figura 7.7: Cálculo FORM para tres diferentes funciones de estado límite

7.4.7. El método de fiabilidad en segundo orden (SORM)

Dado que el FORM no considera la curvatura de la función de estado límite,
el método de fiabilidad en segundo orden (SORM) puede ser más adecuado
cuando el efecto de la curvatura de la función de estado límite sea relevante. Para
aproximar en segundo orden la integral de la Ecuación (7.10), puede aproximarse
la superficie de estado límite en el punto de diseño mediante una ecuación
parabólica, llegando a:

$$G(\mathbf{u}) \cong \nabla\mathbf{G}^T(\mathbf{u} - \mathbf{u}^*) + \frac{1}{2}(\mathbf{u} - \mathbf{u}^*)\nabla^2 G(\mathbf{u} - \mathbf{u}^*) \qquad (7.13)$$

donde $\nabla^2 G = [\partial^2 G/\partial u_i \partial u_j]$ es la matriz hessiana en el punto de diseño. Mediante una rotación $\mathbf{u}' = \mathbf{R}\mathbf{u}$ para que el punto de diseño $\mathbf{u}^*$ se alinee con el
$n\text{-}\acute{e}simo$ eje, y mediante otra rotación $\mathbf{u}'' = \tilde{\mathbf{R}}\mathbf{u}'$ alrededor del eje u_n' para que

coincidan con los ejes principales de una superficie parabólica, se llega a que la superficie de aproximación parabólica resulta:

$$\beta - u'_n + \frac{1}{2} \sum_{i=1}^{n-1} \kappa_i u_i''^2 \leq 0 \tag{7.14}$$

Nótese que la expresión es idéntica a la del punto (d) de la Sección 7.4.3; por tanto, la aproximación en segundo orden de la probabilidad de fallo resulta:

$$P_f \cong P_2 \tag{7.15}$$

donde P_2 viene dado por las Ecuaciones (7.5) y (7.6).

La Figura 7.8 muestra sendos ejemplos de aproximación FORM y SORM a una misma función de estado límite. La aproximación SORM considera la curvatura de la superficie de estado límite, de modo que su dominio de fallo será una mejor aproximación al real que en el caso del FORM. Sin embargo, como el coste computacional es más elevado, no siempre se justifica su preferencia con respecto al FORM.

7.4.8.   El método de simulación de Monte Carlo

El método de Monte-Carlo emplea números aleatorios o pseudo-aleatorios para muestrear las distribuciones de las variables de entrada del problema. Existen muchos algoritmos para generar números "aleatorios" —aunque en realidad las secuencias sean deterministas y determinadas por el valor inicial o «semilla»— si bien su descripción detallada queda fuera del objeto de esta obra. Para una introducción, *véase* Honjo [2008].

Cada conjunto de valores muestreado se emplea para analizar el «fallo» o «no-fallo» del problema, repitiéndose este procedimiento hasta que pueda obtenerse, con adecuada certidumbre, el valor de P_f. La probabilidad de fallo se calcula mediante:

$$P_f = \int_{g(\mathbf{x}) \leq 0} f(\mathbf{x}) d\mathbf{x} = \int_{\mathbf{x}} I(\mathbf{x}) f(\mathbf{x}) d\mathbf{x} = E[I(\mathbf{x})] \tag{7.16}$$

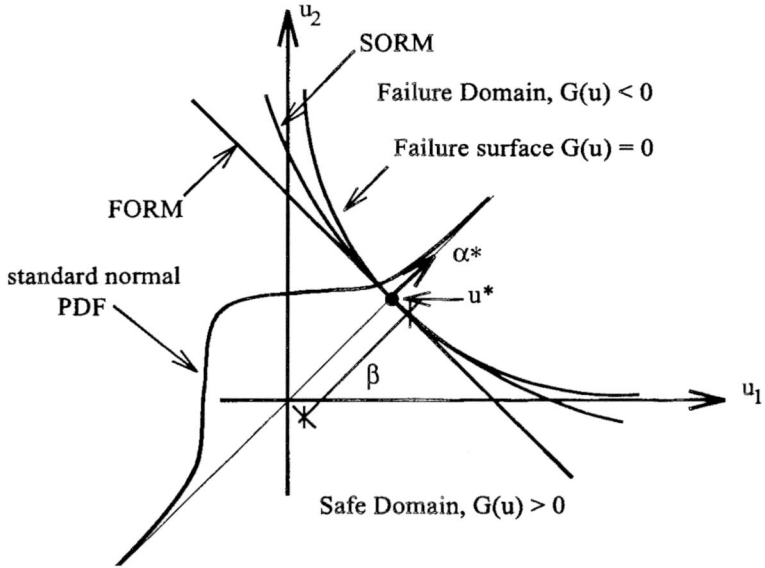

Figura 7.8: Aproximaciones FORM y SORM a la superficie de fallo en el espacio normal estándar [Hamed y Bedient, 1999]

donde

$$I(\mathbf{x}) = \begin{cases} 1 & \text{si } g(\mathbf{x}) \leq 0 \\ 0 & \text{En otro caso} \end{cases} \qquad (7.17)$$

Si se simulan valores de $\mathbf{x}_i$ con $i = 1, \ldots, N$ siguiendo las funciones densidad $f(\mathbf{x})$, llamando $q_i = I(x_i)$, se tiene que el valor *exacto* de P_f sería:

$$P_f = \lim_{N \to \infty} \left[\frac{1}{N} \sum_{i=1}^{N} q_i \right] \qquad (7.18)$$

No obstante, como N es finito, en la práctica se obtiene únicamente un *estimador* de P_f, dado por:

$$\tilde{P}_f = \frac{1}{N} \sum_{i=1}^{N} q_i \qquad (7.19)$$

El estimador $\tilde{P}_f$ cumple que:

$$E[\tilde{P}_f] = P_f \quad \text{(estimador no sesgado)} \qquad (7.20)$$

y

$$Var[\tilde{P}_f] = \frac{1}{N} \left[\frac{1}{N} \sum_{i=1}^{N} q_i^2 - \left(\frac{1}{N} \sum_{i=1}^{N} q_i \right)^2 \right] \qquad (7.21)$$

por lo que su coeficiente de variación resulta:

$$\delta_{\tilde{P}_f} = \frac{1}{\sqrt{N}} \delta_q = \sqrt{\frac{1 - P_f}{N \, P_f}} \qquad (7.22)$$

La Ecuación (7.22) muestra que el coeficiente de variación del estimador $\tilde{P}_f$ depende del valor (desconocido) de P_f y es inversamente proporcional a la raíz cuadrada del número de simulaciones. Honjo [2008] discute aplicaciones del método a problemas geotécnicos, e incluye también información sobre números de simulaciones mínimos para que pueda asegurarse un nivel dado de certidumbre en la estimación de P_f mediante $\tilde{P}_f$. (*Véase* el Cuadro 7.1.) Aunque dichos resultados son rigurosos, se trata de una cota superior obtenida a partir de las (muy "amplias") desigualdades de Chebyshev. (Otros autores, como por ejemplo Broding, dan valores significativamente menores, aunque su obtención no es rigurosa.)

A la vista del elevado número de simulaciones necesario en algún caso, es evidente que el método de Monte Carlo puede ser computacionalmente inviable para ciertos problemas. Además, siguiendo a Ditlevsen y Madsen [1996], conviene prevenir frente a una confianza excesiva en la exactitud de las simulaciones de Monte Carlo. El problema potencial se debe al generador de números aleatorios, que puede producir secuencias con correlación para números de simulaciones elevados.

7.4.9. El método de simulación direccional

El método de simulación direccional también puede emplearse para resolver integrales del tipo de la Ecuación (7.2). Para ello, usamos una serie de vectores en el espacio normal estándar, **u**, expresados como:

$$\mathbf{u} = R\zeta \qquad (7.23)$$

Cuadro 7.1: Número de simulaciones de Monte Carlo mínimas necesarias para lograr un estimador de P_f con error máximo (expresado como factor con respecto a P_f) inferior a δ y con confianza superior a p [Honjo, 2008]

δ	p	P_f	N
0.1	0.95	1.00E-2	200,000
		1.00E-4	20,000,000
		1.00E-6	2,000,000,000
0.5	0.95	1.00E-2	8,000
		1.00E-4	800,000
		1.00E-6	80,000,000
1.0	0.95	1.00E-2	2,000
		1.00E-4	200,000
		1.00E-6	20,000,000
5.0	0.95	1.00E-2	80
		1.00E-4	8,000
		1.00E-6	800,000

donde $\boldsymbol{\zeta} = \mathbf{u}/\|\mathbf{u}\|$ es un vector unitario con distribución uniforme dentro de una esfera de radio unidad en el espacio n-dimensional.

La integral (7.2) se transforma en:

$$P_f = \int P[G(R\boldsymbol{\zeta}) \leq 0 | \boldsymbol{\zeta} = \mathbf{a}] \, \frac{f(\mathbf{a})}{h(\mathbf{a})} \, h(\mathbf{a}) \, d\mathbf{a} \qquad (7.24)$$

donde $f(\mathbf{a})$ es una función (uniforme) de densidad para las diversas orientaciones dadas por los vectores unitarios, $\mathbf{a}$, y donde $h(\mathbf{a})$ es una función correctora que permite simular preferentemente allí donde la información obtenida sea mayor —esto es, en las cercanías de la función de estado límite y del punto de diseño. Al operar sobre la Ecuación 7.24, se llega a:

$$P[G(R\boldsymbol{\zeta}) \leq 0 | \boldsymbol{\zeta} = \mathbf{a}] = P[G(R\mathbf{a}) \leq 0] = P(r \leq R) \qquad (7.25)$$

donde r es la raíz de la ecuación $G(r\mathbf{a}) = 0$. La Figura 7.9 muestra ejemplo con una función de estado límite con $n = 2$.

Para calcular $P(r \leq R)$ usamos que $R^2 = \|\mathbf{u}\|^2$ tiene una distribución chi-cuadrado con n-grados de libertad, $\chi_n^2(r^2)$. De la propiedad (e) del espacio

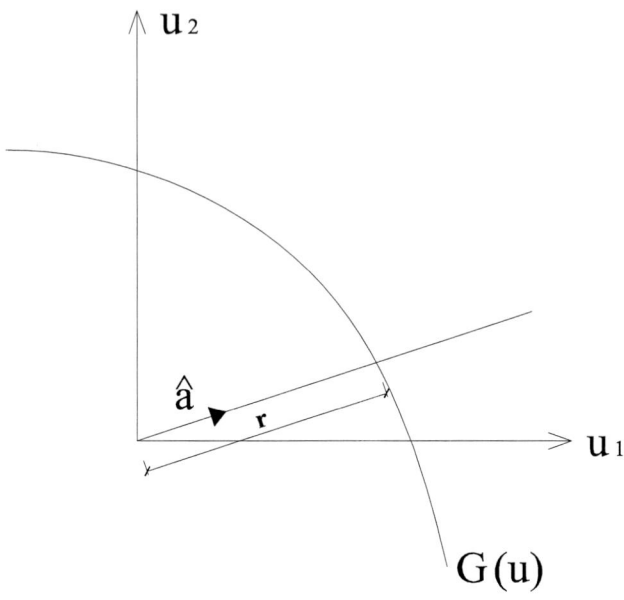

Figura 7.9: Raíz de la ecuación $G(r\mathbf{a}) = 0$

normal estándar, se obtiene que

$$P(r \leq R) = P(r^2 \leq R^2) = 1 - \chi_n^2(r^2) \tag{7.26}$$

y, si llamamos q, a:

$$q = \left[1 - \chi_n^2(r^2)\right] \frac{f(\mathbf{a})}{h(\mathbf{a})} \tag{7.27}$$

podemos expresar la integral (7.24) como:

$$P_f = \int q\, h(\mathbf{a})d\mathbf{a} \tag{7.28}$$

que es por tanto análoga a la Ecuación (7.16). Esto es, podemos calcular P_f mediante simulación, con la diferencia que en lugar de muestrear directamente en $\mathbf{x}$ se muestrea según las direcciones $\mathbf{a}$, con función densidad $h(\mathbf{a})$.

Para ello, se han propuesto diversas funciones de densidad, como por ejemplo:

$$h(\mathbf{a}) = w \cdot f_A(\mathbf{a}) + (1 - w)f_B(\mathbf{a}) \tag{7.29}$$

donde $f_A(\mathbf{a})$ es una distribución uniforme en la esfera de radio unidad dentro de un espacio n-dimensional, y $f_B(\mathbf{a})$ es una distribución que prioriza el muestreo cerca del punto de diseño, de modo que las direcciones que afectan más a la probabilidad de fallo se muestrean con mayor frecuencia [Bjerager, 1988] (*véase* la Figura 7.10). Para mayor información sobre cómo definir la función densidad $h(\mathbf{a})$, *véase* Honjo [2008].

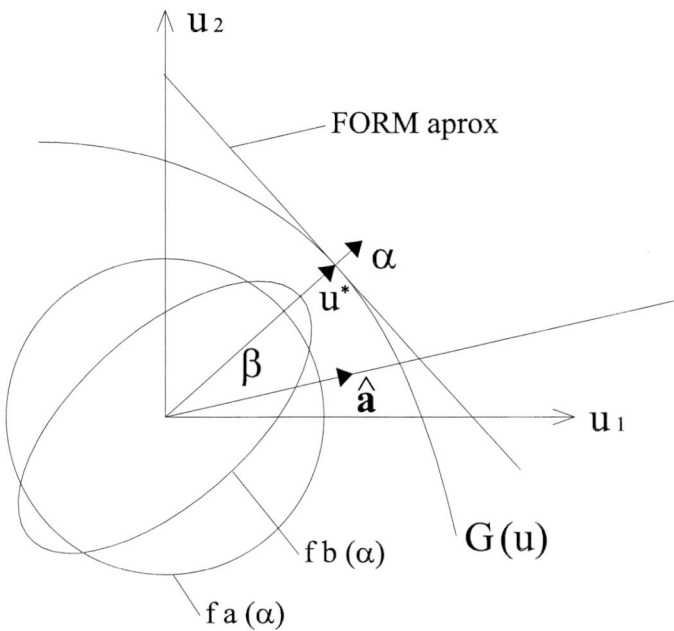

Figura 7.10: Función densidad de muestreo propuesta en simulación direccional

7.4.10. Información sobre sensibilidad

Un resultado importante de los análisis de fiabilidad aquí presentados es que proporcionan información sobre la *sensibilidad* de los resultados de fiabilidad a cambios en las variables aleatorias de entrada del modelo.

Así, el vector unitario gradiente normal negativo a la superficie de estado límite que se discute en la Sección 7.4.3, $\alpha = -\nabla\mathbf{G}/\|\nabla\mathbf{G}\| = \mathbf{u}^*/\|\mathbf{u}^*\|$, representa la sensitividad de los resultados de fiabilidad a cambios en las variables aleatorias en el espacio normal estándar, $\mathbf{u}$. (Si las variables son independientes, también coincide con la sensibilidad a cambios en las variables aleatorias en el espacio físico, $\mathbf{x}$). Si las variables son independientes, sin embargo, el vector α no informa en relación a las sensibilidades con respecto a las variables aleatorias físicas originales, $\mathbf{x}$, en cuyo caso el vector de sensitividad en relación a $\mathbf{x}$ se define como [Der Kiureghian, 1999]:

$$\gamma^T = \frac{\alpha^T \mathbf{J}_{\mathbf{u}^*,\mathbf{x}^*}\mathbf{D}'}{\|\alpha^T \mathbf{J}_{\mathbf{u}^*,\mathbf{x}^*}\mathbf{D}'\|}, \tag{7.30}$$

donde $\mathbf{J}_{\mathbf{u}^*,\mathbf{x}^*}$ es el jacobiano de la transformación, y $\mathbf{D}'$ es la matriz de desviaciones típicas de una variables normales equivalentes, $\mathbf{x}'$, definidas como $\mathbf{x}' = \mathbf{x}^* + \mathbf{J}_{\mathbf{x}^*,\mathbf{u}^*}(\mathbf{u} - \mathbf{u}^*)$.

El vector γ —o el α cuando las variables son independientes— proporciona información que permite diferenciar entre variables de "carga" y de "resistencia" [Der Kiureghian, 1999]; si el componente i-ésimo del vector γ es positivo, ello indica que la variable aleatoria i-ésima es de "carga" (esto es, un cambio de la distribución hacia valores mayores se asocia con un incremento de la probabilidad de fallo, y viceversa para un cambio hacia valores menores). Del mismo modo, un valor negativo de la componente i-ésima de γ indica que la i-ésima variable aleatoria es de "resistencia" (esto es, un cambio de la distribución hacia valores mayores se asocia con una reducción de la probabilidad de fallo, y viceversa para un cambio hacia valores menores).

7.5.   Análisis de la fiabilidad de un sistema

7.5.1.   Formulación de modos de fallo

Un «sistema» se define como un ensamblado de «componentes», de modo que el estado —fallo o no-fallo— del sistema quede *unívocamente definido* en función de los estados de sus componentes. Asumimos también que para un sistema con N_g componentes distintos, cada componente i, tiene dos estados posibles: fallo (E_i) o no-fallo ($\bar{E}_i$).

Pueden definirse varios tipos de sistemas [Ditlevsen y Madsen, 1996; Song y Der Kiureghian, 2003]. Para poder considerar los diversos modos de fallo, en lo que sigue se empleará una formulación mediante modos de fallo disjuntos (*disjoint cut-sets*), en la cual el sistema se representa mediante la disposición en serie de N_{CS} subsistemas, C_k, cuyos componentes se disponen en paralelo. Además, los subsistemas se definen de modo que sean 'disjuntos' —esto es, de modo que sus intersecciones sean vacías; $C_k \bigcap C_l = \emptyset$, para $k \neq l$ y $k, l = 1, \ldots, N_{CS}$. Con ello se consigue simplificar mucho los cálculos, ya que la probabilidad de fallo del sistema puede calcularse como la suma de las probabilidades de fallo individuales de cada subsistema paralelo:

$$P(E_{general}) = P\left(\bigcup_{k=1}^{N_{CS}} \bigcap_{i \in C_k} E_i\right) = \sum_{k=1}^{N_{CS}} P\left(\bigcap_{i \in C_k} E_i\right). \qquad (7.31)$$

La Figura 7.11 muestra un ejemplo de sistema con dos modos de fallo (E_1 y E_2), definidas a partir de cinco funciones de estado límite g_i (con $i = 1, \ldots, 5$): el subsistema paralelo que aparece a la izquierda representa el modo de fallo E_1 (esto es, cuando la grieta de tracción aparece en la superficie superior del talud); mientras que el de la derecha representa el modo de fallo E_2 (cuando la grieta de tracción aparece en el propio talud). Nótese que su definición se hace de modo que no puedan ocurrir simultáneamente —esto es, de modo que sean «disjuntos», con $E_1 \cap E_2 = \emptyset$. En este caso, por ejemplo, en la definición del modo de fallo E_1 aparece $g_1(\mathbf{x}) \leq 0$, mientras que en la de E_2 aparece $-g_1(\mathbf{x}) \leq 0$.

7.5.2. Aproximación mediante FORM

La probabilidad de fallo de un (sub)sistema paralelo (*cut-set*), C_k, puede estimarse —a partir de un desarrollo propuesto por Der Kiureghian [1999], en el cual se usan las propiedades de la aproximación FORM (Sección 7.4.6) y del espacio normal estándar (Sección 7.4.3)— mediante la siguiente aproximación

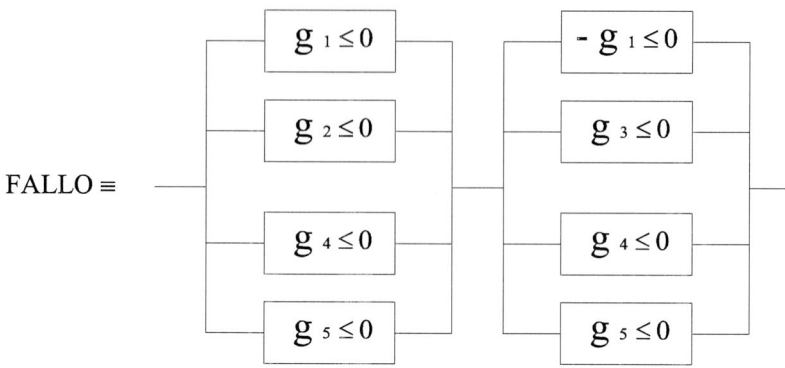

Figura 7.11: Formulación como sistema general con modos de fallo disjuntos

poliédrica al dominio de fallo (*véase* la Figura 7.12) [Ditlevsen y Madsen, 1996]:

$$P_f(\text{ Sistema paralelo}) = P\left(\bigcap_{\forall i \in E_j} g_i(\mathbf{x}) \leq 0\right) \cong_{FORM} \tag{7.32}$$

$$\cong P\left(\bigcap_{\forall i \in E_j} \beta_i - \boldsymbol{\alpha}_i^T \mathbf{u} \leq 0\right) = \tag{7.33}$$

$$= P\left(\bigcap_{\forall i \in E_j} v_i \geq \beta_i\right) = (v_i \text{ normal}) \tag{7.34}$$

$$= P\left(\bigcap_{\forall i \in E_j} v_i \leq -\beta_i\right) = (\text{Por simetría}) \tag{7.35}$$

$$= \Phi_n(-\boldsymbol{\beta}, \mathbf{R}) \tag{7.36}$$

donde $\boldsymbol{\beta}$ es un vector con los índices de fiabilidad para cada función de estado límite; las variables v_i tienen distribuciones marginales normales estándar y distribución conjunta normal, $\mathbf{v} = N(0, \mathbf{R})$. La matriz de correlación, $\mathbf{R}$, viene dada por $\mathbf{R}[i,j] = \boldsymbol{\alpha}_i^T \boldsymbol{\alpha}_j$, y $\Phi_n(\boldsymbol{\beta}, \mathbf{R})$ es la función de distribución de la distribución normal estándar n-dimensional con matriz de correlación $\mathbf{R}$, evaluada en $\boldsymbol{\beta}$.

Toda la información necesaria para la obtención de la probabilidad de fallo mediante la Ecuación 7.32 resulta de un análisis de tipo FORM como el presentado en la Sección 7.4;[3] en otras palabras, la fiabilidad de sistemas paralelos

---

[3]Cuando las funciones de estado límite son no-lineales, puede mejorarse la calidad de

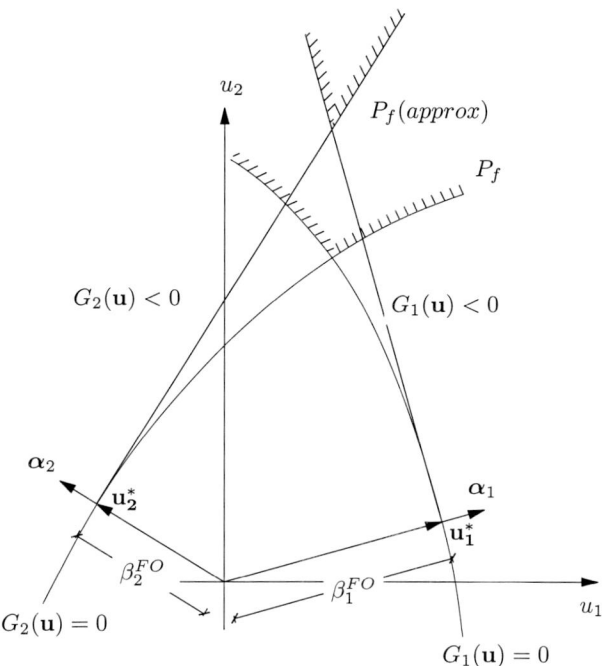

Figura 7.12: Aproximación en primer orden a la probabilidad de fallo de sistemas paralelos [Jiménez-Rodríguez *et al.*, 2006]

puede calcularse —aunque de modo aproximado— resolviendo la fiabilidad con FORM de sus componentes individuales.

7.5.3. Cotas a la probabilidad de fallo

La fiabilidad de un sistema también puede acotarse. En la literatura se han propuesto varios tipos de cotas, que usan información sobre las probabilidades de fallo de componentes individuales o de combinaciones de varios componen-

la aproximación usando información de segundo orden mediante el vector β_{SORM} de los índices de fiabilidad, calculados con SORM, para cada función de estado límite. (Aunque la aproximación no es realmente de segundo orden, ya que las superficies de estado límite siguen aproximándose mediante una superficie plana para poder mantener la simplicidad de la Ecuación 7.32, al usar los valores de β_{SORM} se está incluyendo alguna información sobre su curvatura). No obstante, los resultados presentados en Jiménez-Rodríguez [2001] demuestran que, en este caso, no se logran mejoras significativas mediante la inclusión de la información de SORM, por lo que no se profundiza más en este enfoque. Para una aplicación reciente de esta idea, en la que la mejora de resultados es más significativa, *véase* Peng y Jiménez [2014].

tes [Ditlevsen, 1979b; Ditlevsen y Madsen, 1996; Kounias, 1968; Zhang, 1993]. Song y Der Kiureghian [2003] han propuesto cotas para estimar la fiabilidad de sistemas generales mediante programación lineal (LP); su ventaja fundamental es que las cotas basadas en LP son las más estrechas posibles para un nivel de información dado [Song y Der Kiureghian, 2003].

Para un sistema general formado compuesto por N_g componentes, las cotas de programación lineal se obtienen a partir de los eventos mutuamente exclusivos y collectivamente exhaustivos (MECE), e_i, con $i = 1, \ldots, 2^{N_g}$, que componen el sistema. La probabilidad de fallo del sistema puede expresarse mediante operadores booleanos de las probabilidades de ocurrencia de dichos eventos MECE. Llamando $\mathbf{p} = (p_1, \ldots, p_{2^{N_g}})$, donde p_i es la probabilidad del evento e_i, el problema de programación lineal puede formularse como [Song y Der Kiureghian, 2003]:

Optimizar: (minimizar, maximizar) la función objetivo,

$$P(E_{sistema}) = \mathbf{c}^T \mathbf{p}, \tag{7.37}$$

donde $\mathbf{c}$ representa el vector booleano de coeficientes que definen la probabilidad del sistema en función de las probabilidades de los eventos MECE.

Sujeto a los condicionantes:

- Axiomas básicos de la probabilidad:

$$\sum_{i=1}^{2^{N_g}} p_i = 1, \tag{7.38}$$

$$p_i \geq 0 \qquad \forall i, i = 1, \ldots, 2^{N_g}. \tag{7.39}$$

- Información —completa (igualdades) o incompleta (desigualdades)— sobre la probabilidad de fallo de los componentes individuales o de sus combinaciones. Por ejemplo, para información completa de probabilidades de componentes individuales, o de pares de componentes, se tiene:

$$P(E_i) \equiv P_i = \sum_{r:e_r \subseteq E_i} p_r \tag{7.40}$$

$$P(E_j E_k) \equiv P_{j,k} = \sum_{r:e_r \subseteq E_j E_k} p_r \tag{7.41}$$

donde i representa los índices de componentes individuales para los que se dispone de sus probabilidades de ocurrencia, y (j, k) representa los índices de los pares de componentes para los que se dispone de información de su probabilidad de ocurrencia conjunta.

7.5.4. Métodos de simulación

Los métodos de simulación, como el método de Monte Carlo y el método de simulación direccional (Secciones 7.4.8 y 7.4.9), pueden también emplearse para calcular la fiabilidad de un sistema. La metodología es formalmente análoga a lo expuesto en las Secciones 7.4.8 y 7.4.9, por lo que a continuación no se discute la generación de números aleatorios ni el número de simulaciones necesarias, centrándose únicamente en la variación que sufren las funciones "indicador".

En el método de simulación de Monte Carlo, se define una función booleana $I(\mathbf{x})$ que representa el fallo ($I(\mathbf{x}) = 1$) o no-fallo ($I(\mathbf{x}) = 0$) del sistema para un conjunto de valores de las variables de entrada del modelo, $\mathbf{x}$. Esto es, $I(\mathbf{x})$ se define como:

$$I(\mathbf{x}) = \begin{cases} 1 & \text{if } \bigcup_{k=1}^{N_{CS}} \bigcap_{i \in C_k} g_i(\mathbf{x}) \leq 0, \\ 0 & \text{en otro caso,} \end{cases} \tag{7.42}$$

de modo que, una vez generada la secuencia de N_s vectores de entrada, $\mathbf{x}_i$ ($i = 1, \ldots, N_s$), de acuerdo con su distribución de probabilidad conjunta, la probabilidad del sistema resulta:

$$P_f \approx \frac{1}{N_s} \sum_{i=1}^{N_s} I(\mathbf{x}_i). \tag{7.43}$$

En el caso de la simulación direccional, se expresan los vectores en el espacio normal estándar mediante $\mathbf{u} = R\boldsymbol{\zeta}$, donde $\boldsymbol{\zeta} = \mathbf{u}/\|\mathbf{u}\|$, y la probabilidad de fallo viene dada por:

$$P_f = \int P\left[\left(\bigcup_{k=1}^{N_{CS}} \bigcap_{i \in C_k} G_i(R\boldsymbol{\zeta}) \leq 0\right) \Bigg| \boldsymbol{\zeta} = \mathbf{a}\right] \frac{f(\mathbf{a})}{h(\mathbf{a})} h(\mathbf{a})d\mathbf{a}, \qquad (7.44)$$

donde $f(\mathbf{a})$ representa la distribución uniforme en la hiper-esfera de radio unidad, y $h(\mathbf{a})$ es la densidad de muestreo designada para mejorar la eficiencia de la simulación.

Capítulo 8

Fiabilidad de bloques desplazables

8.1. Introducción

Aunque el fallo de bloques mediante «deslizamiento plano» (*ver* Figura 5.2) también es habitual en la práctica, el «fallo en cuña» (Figura 5.6) es probablemente el más común [Hoek y Bray, 1981] de los diversos modos de fallo que pueden producirse en una excavación en roca [Goodman y Kieffer, 2000]. Por esta razón, tanto el deslizamiento plano como el fallo en cuña han sido estudiados a menudo en la literatura especializada [*véanse*, por ejemplo, Goodman, 1989; Hoek y Bray, 1981; Low, 1997; Nathanail, 1996; Wang y Yin, 2002; Warburton, 1981; Wittke, 1990].

Este capítulo extiende dichos trabajos, explorando los aspectos de sistema [Hudson, 1992; Jiménez-Rodríguez *et al.*, 2006; Jiménez-Rodríguez y Sitar, 2007; Li *et al.*, 2009] al analizar la fiabilidad, frente al fallo por inestabilidad, de bloques con deslizamiento plano o en cuña.

8.2. Modelos de la estabilidad de bloques desplazables

Como se ha visto, deben cumplirse dos tipos de requisitos para que un bloque sea (potencialmente) inestable en una excavación realizada en un macizo rocoso: (i) requisitos de admisibilidad cinemática [Goodman y Shi, 1985], referidos a la capacidad del bloque para desplazarse hacia la excavación (Capítulo 5); y (ii) requisitos de inestabilidad, de modo que el bloque sea inestable bajo las cargas aplicadas.

La posible inestabilidad de los bloques se verifica normalmente mediante métodos de equilibrio límite que permiten delimitar entre situaciones de «fallo» y «no fallo» como los que se describen a continuación para bloques desplazables con posible deslizamiento plano y en cuña. En particular, para el deslizamiento plano se emplea el modelo propuesto por Hoek y Bray [1981], con algunas modificaciones para tener en cuenta la posible interacción entre los bloques; y, para el deslizamiento en cuña, el modelo propuesto por Low [1997].

8.2.1. Estabilidad de bloques bajo deslizamiento plano

Para ilustrar la metodología de la fiabilidad de sistemas, comenzamos con un ejemplo con una superficie de deslizamiento plana y dos bloques separados por una grieta de tracción (Figura 8.1). La posición de la grieta de tracción, así como el nivel de agua en la grieta de tracción, son inciertos. Y, para simular los efectos de una acción —activa o pasiva— en la base, se considera una fuerza T, de magnitud incierta, aplicada en el pie del talud. Por simplicidad, dicha fuerza se considera aplicada normal al plano de posible deslizamiento (*véase* la Figura 8.2).

Dependiendo de la interacción entre los bloques A y B, pueden distinguirse dos modos de fallo:

Caso 1: el bloque B es estable por sí mismo; por tanto, no existe interacción entre bloques.

Caso 2: el bloque B es inestable; por tanto, tenderá a deslizar, imponiendo una fuerza de interacción, I_F, sobre el bloque A.

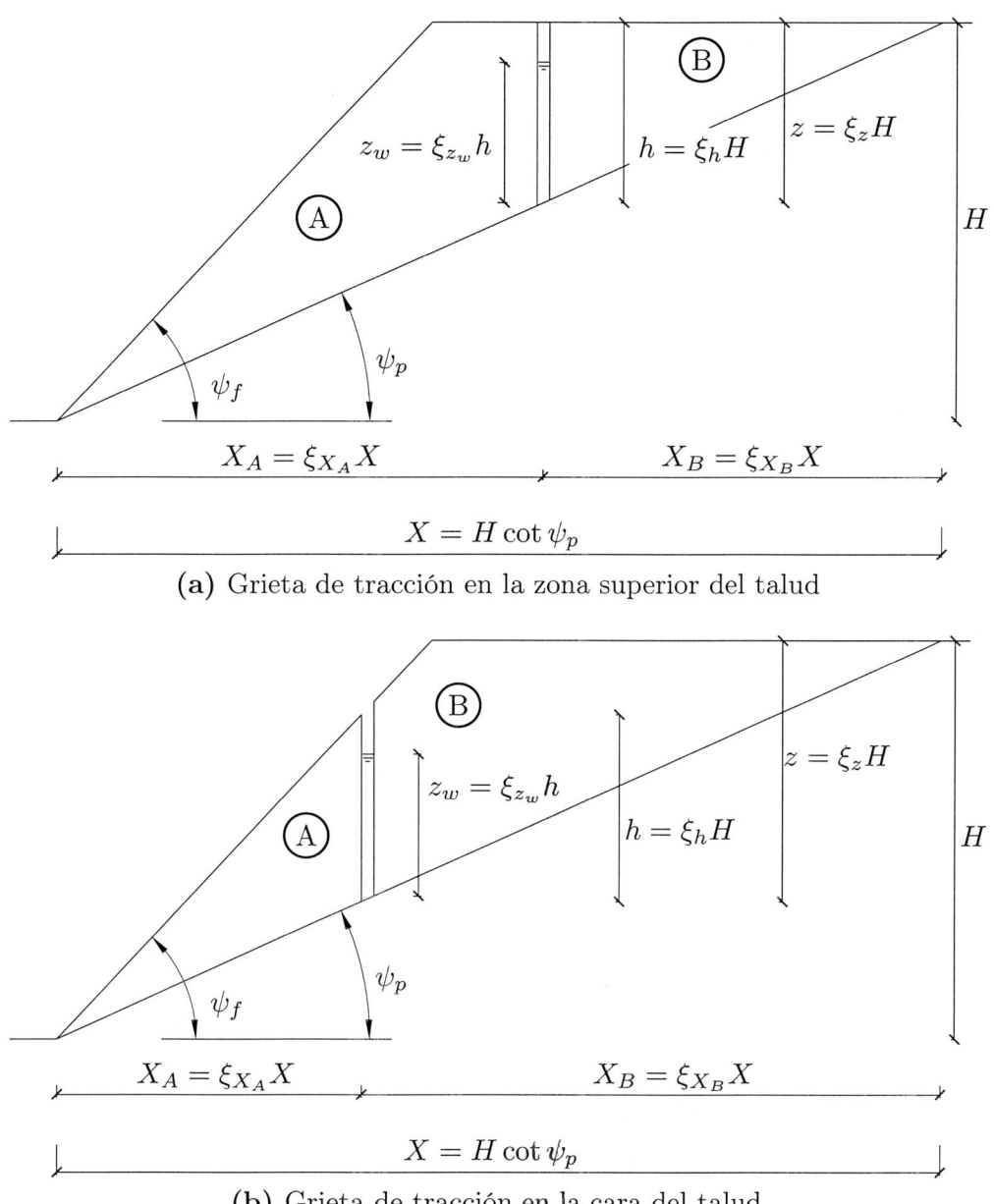

(a) Grieta de tracción en la zona superior del talud

(b) Grieta de tracción en la cara del talud

Figura 8.1: Definiciones geométricas consideradas para el modelo de estabilidad bajo deslizamiento plano [Jiménez-Rodríguez *et al.*, 2006]

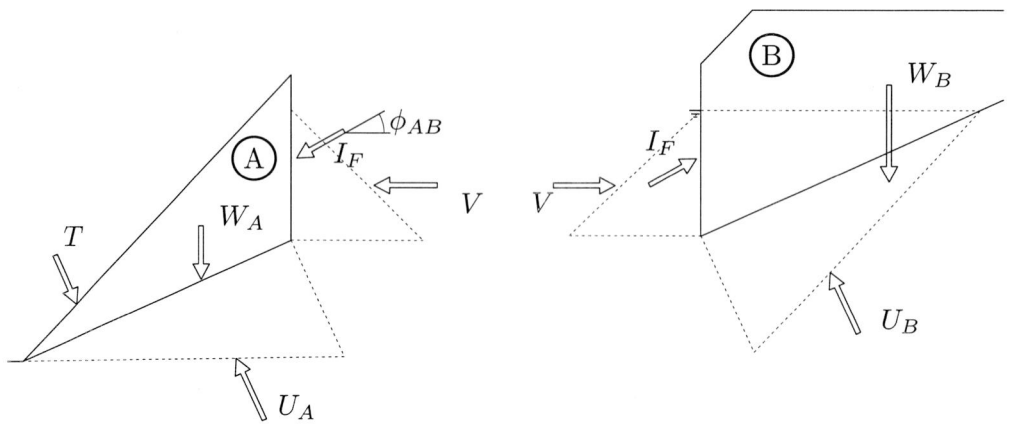

Figura 8.2: Fuerzas consideradas en el modelo de estabilidad bajo deslizamiento plano [Jiménez-Rodríguez *et al.*, 2006]

Se considerará que el talud es estable cuando el factor de seguridad del bloque inferior (bloque A) es mayor que la unidad ($FS_A > 1$).

Caso 1: no existe interacción entre bloques

El factor de seguridad frente a deslizamiento del bloque B, es [Hoek y Bray, 1981]:

$$FS_B = \frac{c_B A_B + (W_B \cos \psi_p - U_B + V \operatorname{sen} \psi_p) \tan \phi_B}{W_B \operatorname{sen} \psi_p - V \cos \psi_p}, \tag{8.1}$$

donde c_B es la cohesión entre la superficie de deslizamiento y el bloque B, ϕ_B es el ángulo de rozamiento correspondiente, A_B es el área de contacto del bloque B con la superficie de deslizamiento, y U_B y V son las resultantes de las presiones del agua. A_B, U_B y V se obtienen como [Hoek y Bray, 1981]:

$$A_B = z \csc \psi_p, \tag{8.2}$$

$$U_B = \frac{1}{2} \gamma_w z_w^2 \csc \psi_p, \tag{8.3}$$

$$V = \frac{1}{2} \gamma_w z_w^2. \tag{8.4}$$

W_B es el peso del bloque B. Según la ubicación de la grieta de tracción, tenemos:

- Para una grieta de tracción situada en la parte superior del talud (*ver* Figura 8.1a):

$$W_B = \frac{1}{2}\,\gamma_{rock}\,z^2\,\cot\psi_p,\qquad(8.5)$$

- Para una grieta de tracción situada en el propio talud (Figura 8.1b):

$$W_B = \frac{1}{2}\,\gamma_{rock}H^2\left[\cot\psi_p\left(1-(1-z/H)^2\left(\cot\psi_p\tan\psi_f-1\right)\right)-\cot\psi_f\right].$$
$$(8.6)$$

La transición entre ambos casos ocurre cuando [Hoek y Bray, 1981]:

$$z/H = \left(1-\cot\psi_f\tan\psi_p\right).\qquad(8.7)$$

Asumiendo que el bloque B es estable, el factor de seguridad del bloque A se calcula como [Hoek y Bray, 1981]:

$$FS_A = \frac{c_A A_A + (T + W_A\cos\psi_p - U_A - V\,\mathrm{sen}\,\psi_p)\tan\phi_A}{W_A\,\mathrm{sen}\,\psi_p + V\cos\psi_p}\qquad(8.8)$$

donde c_A, ϕ_A, U_A, y V tienen significados análogos a los de la Ecuación (8.1) y con V calculado con la Ecuación (8.4); T es la fuerza aplicada en el pie del talud; y A_A y U_A se obtienen como [Hoek y Bray, 1981]:

$$A_A = (H-z)\csc\psi_p,\qquad(8.9)$$

$$U_A = \frac{1}{2}\,\gamma_w z_w(H-z)\csc\psi_p.\qquad(8.10)$$

El peso del bloque A también dependerá de la ubicación de la grieta de tracción [Hoek y Bray, 1981]:

- Para una grieta de tracción situada en la coronación del talud (Figura 8.1a):

$$W_A = \frac{1}{2}\,\gamma_{rock}H^2\left[\left(1-(z/H)^2\right)\cot\psi_p - \cot\psi_f\right],\qquad(8.11)$$

- Para una grieta de tracción situada en el propio talud (Figura 8.1a):

$$W_A = \frac{1}{2}\,\gamma_{rock}H^2\left[(1-z/H)^2\cot\psi_p(\cot\psi_p\tan\psi_f-1)\right]. \qquad (8.12)$$

Caso 2: existe interacción entre bloques

Este caso ocurre cuando el bloque B es inestable por sí mismo ($FS_B < 1$ en la Ecuación (8.1)), y tiende a deslizar. Un posible resultado es que el bloque A sea estable bajo la fuerza adicional debida a la interacción con el bloque B, en cuyo caso el talud será estable; el otro es que el bloque A sea inestable con la fuerza de interacción adicional aplicada por el bloque B, en cuyo caso el talud falla. Las expresiones de los factores de seguridad de los bloques A y B serán similares a las presentadas en las Ecuaciones (8.1) y (8.8), con la única modificación de que es necesario considerar la fuerza de interacción entre bloques, I_F. Se considera que existe fricción (dada por ϕ_{AB}) a lo largo de la grieta vertical, y que I_F actúa según una dirección inclinada un ángulo ϕ_{AB} respecto a la grieta (vertical) de tracción (Figura 8.2).

Manteniendo la notación anterior, los factores de seguridad de los bloques A y B puede calcularse como:

$$FS_B = \frac{c_B A_B + [W_B\cos\psi_p - U_B + V\,\mathrm{sen}\,\psi_p + I_F\,\mathrm{sen}\,(\psi_p - \phi_{AB})]\tan\phi_B}{W_B\,\mathrm{sen}\,\psi_p - V\cos\psi_p - I_F\cos(\psi_p - \phi_{AB})},$$
$$(8.13)$$

$$FS_A = \frac{c_A A_A + [T + W_A\cos\psi_p - U_A - V\,\mathrm{sen}\,\psi_p - I_F\,\mathrm{sen}\,(\psi_p - \phi_{AB})]\tan\phi_A}{W_A\,\mathrm{sen}\,\psi_p + V\cos\psi_p + I_F\cos(\psi_p - \phi_{AB})},$$
$$(8.14)$$

donde A, U, V, y W se calculan con las Ecuaciones (8.2) a (8.12). Entonces, puede calcularse el valor de I_F que hace $FS_B = 1$ en la Ecuación (8.13), y podemos sustituir dicho valor en la Ecuación (8.14). El talud será estable si $FS_A > 1$, e inestable en otro caso. El valor de FS_A calculado no es exacto cuando $FS_A \neq 1$; sin embargo, el dominio de fallo es el mismo, con lo que los resultados de fiabilidad son idénticos a los que se obtendrían con la solución exacta de FS_A.

La Figura 8.5 muestra un diagrama de la posible formulación del problema de deslizamiento plano descrito anteriormente como sistema formado por *cut-sets* disjuntos —esto es, subsistemas paralelos que además son mutuamente exclusivos. La interpretación física de cada función de destado límite considerada, g_i con $i = 1, \ldots, 7$, se presenta en el Cuadro 8.1.

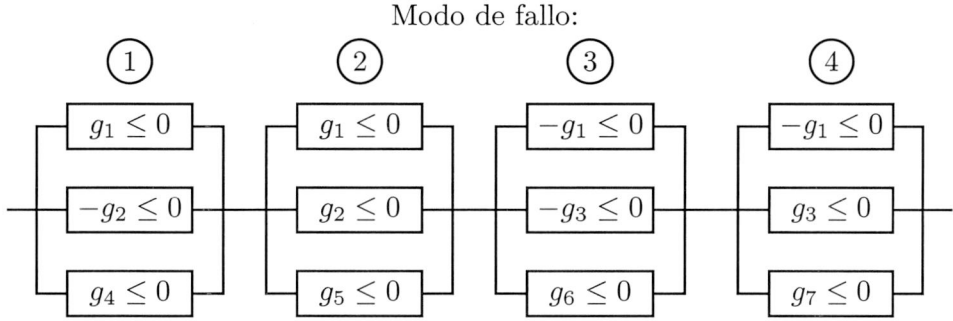

Figura 8.3: Formulación mediante *cut-sets* disjuntos del problema de deslizamiento plano [Jiménez-Rodríguez *et al.*, 2006]

8.2.2. Estabilidad de bloques bajo deslizamiento en cuña

Como se ha visto en la Sección 5.3, pueden formarse cuñas inestables en un talud excavado en un macizo rocoso cuando se combinan discontinuidades de distintas orientaciones. A continuación se analiza la estabilidad de dichas cuñas mediante la formulación analítica de Low [1997]. (*Véase* también Low [2008] y, para otro procedimiento recientemente propuesto para analizar la estabilidad de bloques en cuña, Jiang *et al.* [2013]). La formulación de Low considera bloques desplazables con forma tetraédrica que, a su vez, pueden presentar una inclinación en su superficie superior (*véase* la Figura 8.4).

Para un bloque en cuña formado al combinarse dos discontinuidades del macizo, y delimitado además de por la cara del talud y por la superficie del terreno natural, pueden considerarse cuatro modos de fallo diferentes [Goodman, 1989; Low, 1997]:

Modo de fallo 1: la cuña desliza a lo largo de la línea de intersección entre las dos discontinuidades que la forman.

Cuadro 8.1: Interpretación física de las funciones de estado límite que definen la estabilidad o inestabilidad de un sistema de dos bloques frente a rotura plana [Jiménez-Rodríguez *et al.*, 2006]

Función de estado límite	Interpretación física
$g_1 \equiv z - H(1 - \cot \psi_f \tan \psi_p) \leq 0$	Grieta de tracción en cabeza de talud
$g_2 \equiv \{FS_B | (g_1 \leq 0)\} - 1 \leq 0$	El bloque B es inestable (sin interacción con A), dada una grieta tracción situada en cabeza de talud
$g_3 \equiv \{FS_B | (g_1 > 0)\} - 1 \leq 0$	El bloque B es inestable (sin interacción con A), dada una grieta tracción situada en el propio talud
$g_4 \equiv \{FS_A | (g_1 \leq 0, g_2 > 0)\} - 1 \leq 0$	El bloque A es inestable, dada una grieta de tracción en cabeza de talud, siendo el bloque B estable (sin interacción con A)
$g_5 \equiv \{FS_A | (g_1 \leq 0, g_2 \leq 0)\} - 1 \leq 0$	El bloque A es inestable, dada una grieta de tracción en cabeza de talud, siendo el bloque B inestable (existe interacción con A)
$g_6 \equiv \{FS_A | (g_1 > 0, g_3 > 0)\} - 1 \leq 0$	El bloque A es inestable, dada una grieta de tracción en el talud, siendo el bloque B estable (sin interacción con A)
$g_7 \equiv \{FS_A | (g_1 > 0, g_3 \leq 0)\} - 1 \leq 0$	El bloque A es inestable, dada una grieta de tracción en el talud, siendo el bloque B inestable (existe interacción con A)

Modo de fallo 2: la cuña desliza únicamente sobre la primera de sus discontinuidades;

Modo de fallo 3: la cuña desliza únicamente sobre la segunda de las discontinuidades;

Modo de fallo 4: representa un modo de fallo por "flotación" debido, por ejemplo, a un aumento de las presiones intersticiales en las discontinuidades que anula los esfuerzos efectivos sobre ellas. Puede producirse también por fuerzas sobre el bloque —por ejemplo, fuerzas de tracción transmitidas por un cable— que le hagan perder el contacto con su base; o por una combinación de dichos factores.

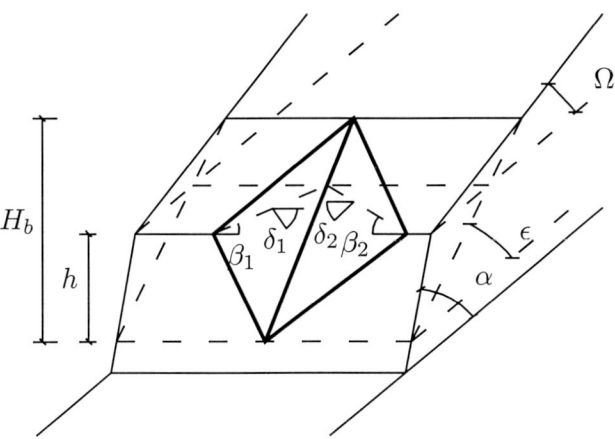

Figura 8.4: Geometría del talud y del bloque en el modelo de estabilidad bajo deslizamiento en cuña [Jiménez-Rodríguez y Sitar, 2007]

Como ejemplo, se presentan a continuación las condiciones para que se produzca el modo de fallo 1. (La definición de las condiciones para que se produzcan los otros modos de fallo pueden consultarse en Low [1997]).

Estabilidad bajo el modo de fallo 1

La expresión analítica del factor de seguridad de un bloque en cuña según el modo de fallo 1 es [Low, 1997]:

$$FS_1 = \left(a_1 - \frac{b_1 G_w}{S_\gamma}\right)\tan\phi_1 + \left(a_2 - \frac{b_2 G_w}{S_\gamma}\right)\tan\phi_2 + 3b_1\frac{c_1}{\gamma_{rock}h} + 3b_2\frac{c_2}{\gamma_{rock}h},$$

(8.15)

donde la Ecuación (8.15) solo es válida si existe contacto en los dos planos de la cuña; esto es, los términos entre paréntesis que preceden a $\tan\phi_1$ y a $\tan\phi_2$ han de ser positivos. (También han de cumplirse las condiciones cinemáticas para que pueda producirse el fallo del bloque: $\Omega < \epsilon < \alpha$). Numéricamente, se tiene,

$$\left(a_1 - \frac{b_1 G_w}{S_\gamma}\right) > 0,$$

(8.16)

y

$$\left(a_2 - \frac{b_2 G_w}{S_\gamma}\right) > 0, \tag{8.17}$$

donde a_1, a_2, b_1, b_2 son parámetros que dependen de la geometría del talud (definida en función de los ángulos δ_1, β_1, δ_2, β_2, α, Ω, y ϵ; *véanse* la Figura 8.4, el Cuadro 8.2, y Low [1997]); c_1 y c_2 representan la cohesión en los planos 1 y 2; ϕ_1 y ϕ_2 representan los ángulos de rozamiento correspondientes; G_w es un parámetro relacionado con las presiones del agua (que tiene el valor $G_w = H/2h$ para distribuciones piramidales de la presión, tal y como se considera aquí); y, donde $S_\gamma = \gamma_{rock}/\gamma_w$ es el peso específico (relativo) de la roca. (Aunque este modelo mecánico de las discontinuidades es simple, no supone una limitación del método de fiabilidad; por ejemplo, Duzgun y Bhasin [2009] emplean el modelo de Barton-Bandis para analizar la resistencia al corte de las discontinuidades en el análisis de fiabilidad de un gran deslizamiento en roca en Noruega).

Cuadro 8.2: Descripción de la geometría en el modelo de estabilidad bajo deslizamiento en cuña [Jiménez-Rodríguez y Sitar, 2007]

Ángulo	Descripción
δ_1	Buzamiento del plano 1
δ_2	Buzamiento del plano 2
β_1	Ángulo horizontal (medido dentro de la cuña) entre la línea de dirección del plano 1 y la linea horizontal de intersección entre el talud y la superficie del terreno
β_2	Ídem para el plano 2
α	Ángulo de buzamiento del talud
Ω	Ángulo de buzamiento de la superficie del terreno
ϵ	Ángulo de cabeceo de la línea de intersección entre los planos 1 y 2

La Figura 8.5 muestra la representación como sistema general del modelo de estabilidad de bloques con forma de cuña que se presenta en la Sección 8.2.2. Del mismo modo, y como ejemplo, en el Cuadro 8.3 se muestran las interpretaciones físicas de las distintas funciones de estado límite (LSF) que influyen en el modo de fallo 1 que se acaba de describir. (Se ha seguido la convención de que el componente i falla si $g_i < 0$).

Modo de fallo:

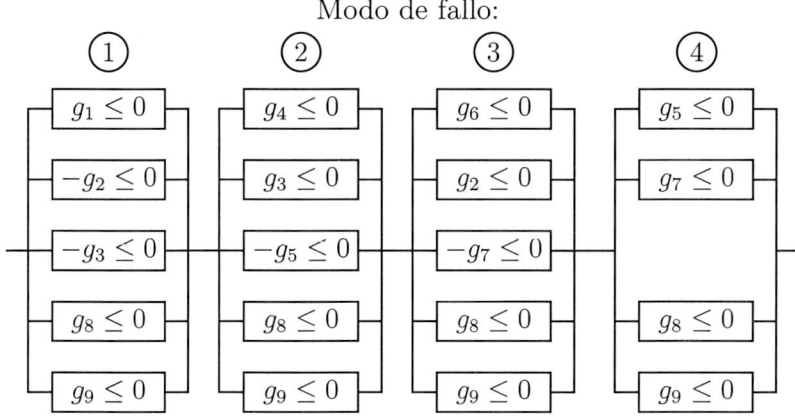

Figura 8.5: Formulación de la estabilidad de un bloque en cuña como combinación de subsistemas paralelos (modos de fallo) disjuntos [Jiménez-Rodríguez y Sitar, 2007]

Cuadro 8.3: Interpretación física de las funciones de estado límite en el sistema que representa la estabilidad del bloque en cuña [Jiménez-Rodríguez y Sitar, 2007]

LSF	Interpretación
$g_1 \equiv FS_1 - 1$	Cuña inestable con contacto sobre ambos planos
$g_2 \equiv a_1 - {}^{b_1}G_w/S_\gamma$	Contacto sobre el plano 1
$g_3 \equiv a_2 - {}^{b_2}G_w/S_\gamma$	Contacto sobre el plano 2
g_4	Cuña inestable con contacto sobre el plano 1 únicamente
g_5	Condiciones de "flotación" sobre el plano 2
g_6	Cuña inestable con contacto sobre el plano 2 únicamente
g_7	Condiciones de "flotación" sobre el plano 1
$g_8 \equiv \Omega - \epsilon$	Admisibilidad cinemática
$g_9 \equiv \epsilon - \alpha$	Admisibilidad cinemática

8.3. Ejemplo de aplicación

A continuación se presenta un ejemplo de aplicación de la metodología, reproducido de Jiménez-Rodríguez *et al.* [2006], para el caso de deslizamiento plano (*ver* la Sección 8.2.1). El Capítulo 10 presenta un ejemplo de aplicación de la metodología para el fallo de bloques en forma de cuña.

8.3.1. Geometría y propiedades: caracterización de las incertidumbres

Continuando con la discussión presentada en la Sección 7.2, en esta sección se describen las incertidumbres que, desde las particularidades de la ingeniería de rocas, pueden afectar al análisis de la estabilidad de bloques desplazables en taludes en roca. Por ejemplo, hay variables cuya incertidumbre es despreciable en comparación con otras; al despreciarlas, se busca un equilibrio entre realismo y eficiencia [Ditlevsen y Madsen, 1996]. Así, normalmente se considera que la incertidumbre en el peso de un bloque de roca es despreciable al compararla con la incertidumbre sobre las fuerzas resistentes [Whitman, 1984].

Se asume que la geometría del talud es determinista, salvo en lo relativo a la ubicación de la grieta de tracción. Se consideran diversas alturas de talud, con H variando entre 10 y 40 m. El plano potencial de deslizamiento está inclinado 32° ($\psi_p = 32°$), y el ángulo del talud es 60° ($\psi_f = 60°$). También se considera que los pesos específicas de la roca y el agua son deterministas ($\gamma_{rock} = 25$ kN/m^3 y $\gamma_w = 9,8$ kN/m^3, respectivamente).

Se asume que la cohesión y el ángulo de rozamiento son aleatorios. La posición de la grieta de tracción, así como la profundidad del agua en ella, son también aleatorios. Dada su flexibilidad y versatilidad, se emplea una distribución beta para modelizar el ángulo de rozamiento entre los bloques; además, es una distribución acotada, lo que evita problemas asociados al empleo de distribuciones no acotadas para modelizar ángulos de rozamiento. Los ángulos de rozamiento a lo largo de los bloques A, B, así como de su superficie de contacto, tienen valores medios de $\mu_{\phi_A} = 36°$, $\mu_{\phi_B} = 32°$ y $\mu_{\phi_{AB}} = 30°$, respectivamente; y se considera que sus distribuciones están acotadas dentro de intervalos dados por el valor medio más o menos 10°. Los valores de cohesión se modelizan con una distribución lognormal, ya que la distribución lognormal se ha usado habitualmente para modelizar la cohesión [Duzgun et al., 2003]. Se consideran valores medios de cohesión dados por $\mu_{c_A} = 20$ kPa para el bloque A, y $\mu_{c_B} = 18$ kPa para el bloque B; las desviaciones típicas son $\sigma_{c_A} = \sigma_{c_B} = 4$ kPa. Finalmente, la fuerza de sostenimiento T que actúa en el pie del talud se modeliza mediante una distribución normal, con $\mu_T = 50$ kN y $\sigma_T = 3$ kN.

La ubicación de la grieta de tracción y el porcentaje de la misma que está lleno de agua se modelizan, respectivamente, mediante los parámetros adimensionales ξ_{X_B} y ξ_{z_w}. La ubicación de la grieta de tracción sigue una distribución beta no-simétrica, para representar la observación habitual de que las grietas de tracción aparecen más frecuentemente en la coronación del talud [Hoek y Bray, 1981]. Se asume también que el drenaje del talud evita que se acumule agua en más del 50 % de su altura. Al no disponerse de información previa sobre la distribución de ξ_{z_w}, se emplea una distribución uniforme. El Cuadro 8.4 presenta las distribuciones estadísticas empleadas para cada variable aleatoria considerada. La Figura 8.6 presenta sus funciones densidad de probabilidades.

Cuadro 8.4: Distribuciones estadísticas de los variables de entrada al modelo de estabilidad de bloques con deslizamiento plano [Jiménez-Rodríguez *et al.*, 2006]

Variable	Tipo	Parámetros			
		p_1	p_2	p_3	p_4
ξ_{X_B}	Beta[a]	3.0	4.0	0.0	1.0
ξ_{z_w}	Uniforme[b]	0.0	0.50		
ϕ_A [deg]	Beta[a]	5.0	5.0	26.0	46.0
ϕ_B [deg]	Beta[a]	5.0	5.0	22.0	42.0
ϕ_{AB} [deg]	Beta[a]	5.0	5.0	20.0	40.0
c_A [kPa]	Lognormal[c]	20.0	4.0		
c_B [kPa]	Lognormal[c]	18.0	4.0		
T [kN]	Normal[c]	50.0	3.0		

[a]$p_1 = q$, $p_2 = r$, $p_3 = a$, $p_4 = b$.
[b]$p_1 = a$, $p_2 = b$.
[c]$p_1 = \mu$, $p_2 = \sigma$.

Además, se considera que las variables están correlacionadas, con la estructura que se muestra en el Cuadro 8.5. La ubicación de la grieta de tracción, el nivel del agua en la misma, y la fuerza de sostenimiento en el pie (respectivamente, ξ_{X_B}, ξ_{z_w} y T) se consideran independientes de las restantes variables, mientras que los parámetros de resistencia al corte en las discontinuidades (esto es, ángulos de rozamiento y cohesiones) se asumen correlacionados entre sí. Se asume también que los ángulos de rozamiento tienen correlación positiva,

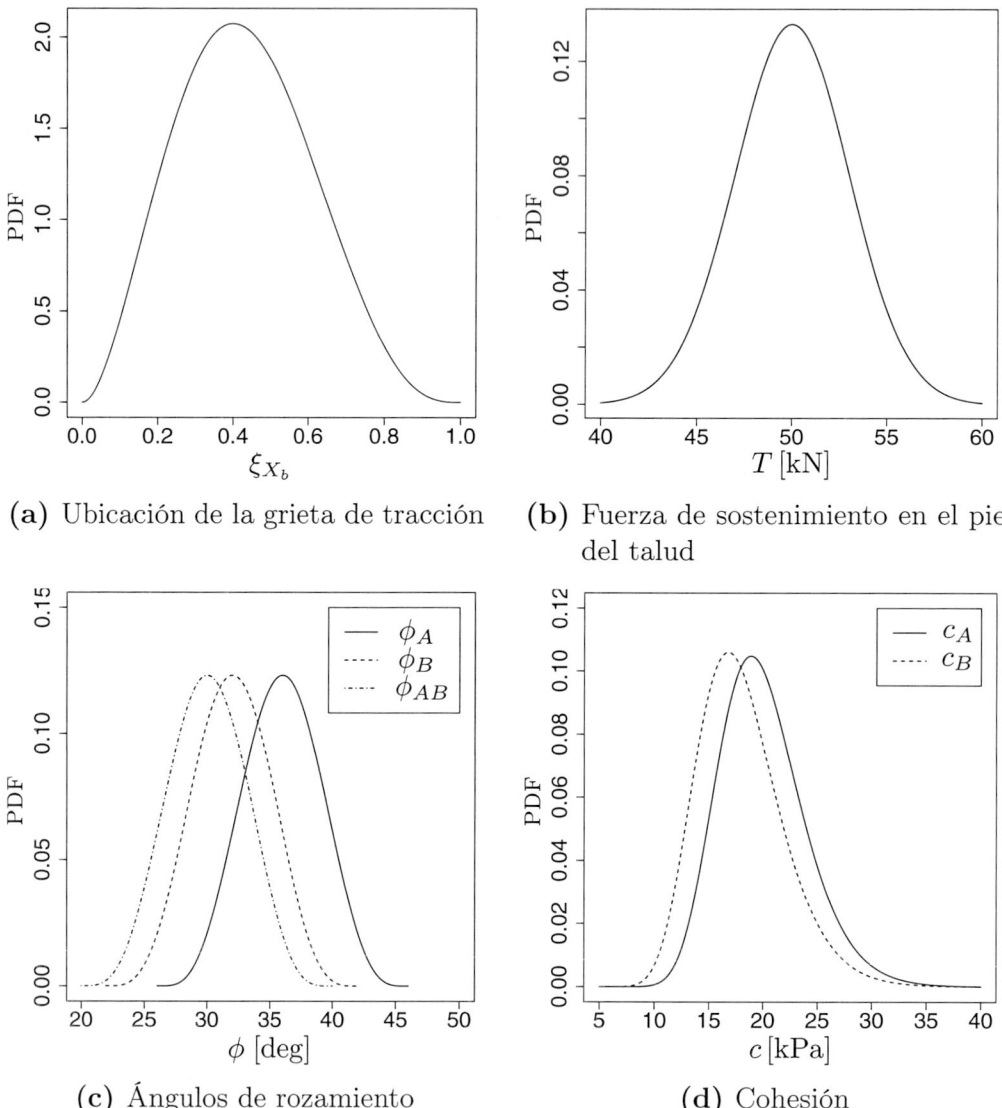

(a) Ubicación de la grieta de tracción

(b) Fuerza de sostenimiento en el pie del talud

(c) Ángulos de rozamiento

(d) Cohesión

Figura 8.6: Funciones de densidad de probabilidades de las variables de entrada del modelo de estabilidad de bloques frente a deslizamiento plano [Jiménez-Rodríguez *et al.*, 2006]

mientras que se considera una ligera correlación negativa entre cohesión y rozamiento, para reproducir la observación habitual en ensayos de resistencia al
corte de que dichos parámetros no son independientes, con la cohesión dismi-
nuyendo al aumentar el rozamiento (y viceversa) [Hoek, 2000].

Cuadro 8.5: Estructura de correlación entre las variables aleatorias consideradas en el modelo de deslizamiento plano [Jiménez-Rodríguez *et al.*, 2006]

	ξ_{X_b}	ξ_{z_w}	ϕ_A	ϕ_B	ϕ_{AB}	c_A	c_B	T
ξ_{X_b}	1.0							
ξ_{z_w}	0.0	1.0			(Simétrica)			
ϕ_A	0.0	0.0	1.0					
ϕ_B	0.0	0.0	0.3	1.0				
ϕ_{AB}	0.0	0.0	0.3	0.3	1.0			
c_A	0.0	0.0	-0.1	0.0	0.0	1.0		
c_B	0.0	0.0	0.0	-0.1	0.0	0.3	1.0	
T	0.0	0.0	0.0	0.0	0.0	0.0	0.0	1.0

8.3.2. Resultados

Se emplea CALREL [Liu *et al.*, 1989] para los análisis de fiabilidad —FORM
y simulaciones— que se presentan en esta Sección. (El ejemplo de aplicación
se limita a un análisis para deslizamiento plano, ya que en el Capítulo 10 se
muestra un ejemplo con bloques en forma de cuña). Para calcular $\Phi(\cdot, \cdot)$ en la
Ecuación (7.32) se emplea, junto con la información del análisis FORM realizado con CALREL, nuestra propia implementación del algoritmo de simulación
con muestreo condicional por importancia, SCIS [Ambartzumian *et al.*, 1998].
Además, se usa nuestra implementación en MATLAB de las cotas de fiabilidad
basadas en programación lineal [Song y Der Kiureghian, 2003]. La Figura 8.7
muestra las probabilidades de fallo calculadas con los diversos métodos.

La contribución de cada modo de fallo —*véanse* la Figura 8.5 y el Cuadro 8.1— a la probabilidad de fallo global depende, entre otros factores, de la
geometría específica del talud; así como de las distribuciones estadísticas que
caracterizan a las variables aleatorias consideradas: posición de la grieta de
tracción y condiciones de agua, parámetros resistentes, y fuerza en el pie. La

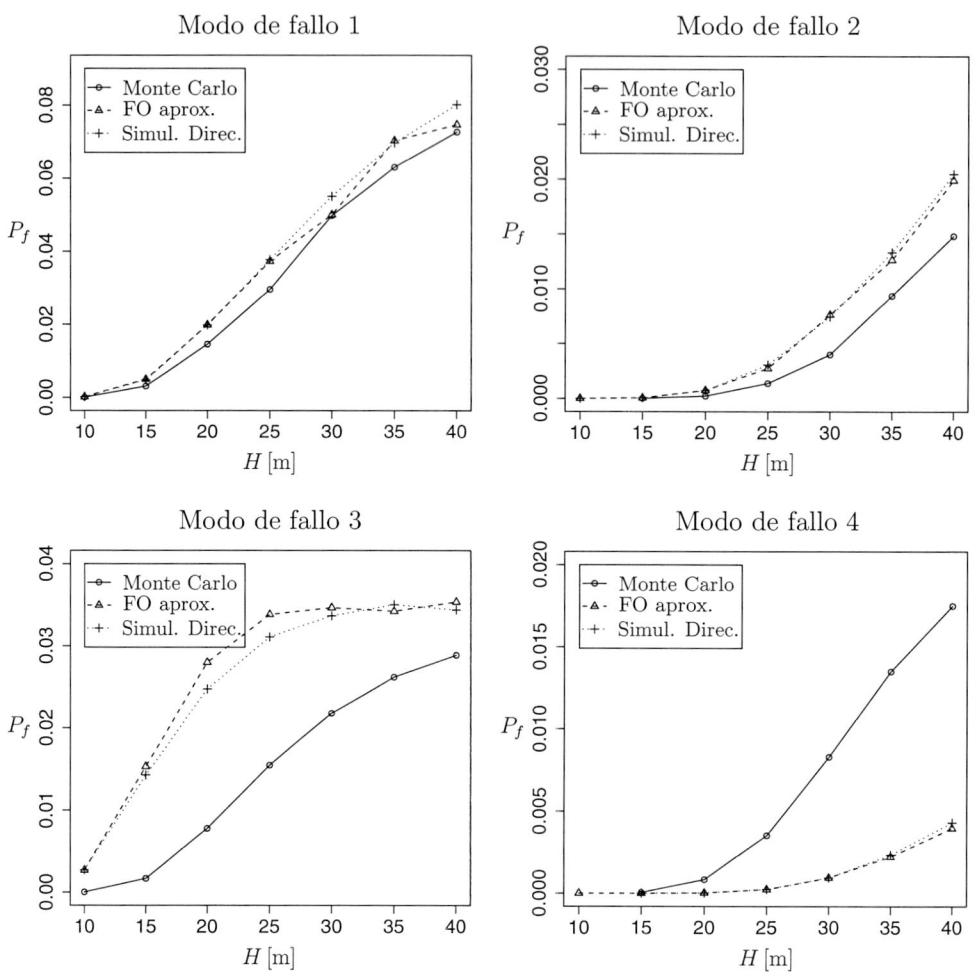

Figura 8.7: Probabilidades de fallo calculadas, para cada modo de fallo, usando la aproximación de primer orden basada en FORM y métodos de simulación [Jiménez-Rodríguez *et al.*, 2006]

posibilidad de calcular dichas contribuciones es una característica interesante de la metodología de fiabilidad presentada, ya que proporciona información cuantitativa de interés para el diseño. En este caso, por ejemplo, la Figura 8.7 muestra que el modo de fallo 1 (esto es, con el bloque A fallando sin interaccionar con B, y con la grieta de tracción situada en la coronación del talud), y el modo de fallo 3 (con el bloque A fallando sin interacciones debidas a B, y con la grieta de tracción situada en la cara del talud) tienen la mayor probabilidad de fallo; mientras que los modos de fallo en los que existe interacción entre bloques (modos 2 y 4) son significativamente menos probables. Dada esta información, la estabilidad del bloque A debería ser la principal preocupación al diseñar el talud, haciendo que la estabilidad del bloque B sea secundaria en este caso. Esto podría cambiar al cambiar las variables sobre las que el proyectista tiene la capacidad de actuar: por ejemplo, si se aumenta la fuerza de soporte en el pie, T, la estabilidad del bloque A aumenta (aumentando por tanto la fiabilidad del sistema), de modo que los modos de fallo con interacción entre bloques se convierten en más relevantes.

El Cuadro 8.6 presenta los resultados del cálculo de fiabilidad con FORM, para cada función de estado límite que afecta al modo de fallo 1 y para taludes de $H = 20\,\text{m}$ de altura. Dichos resultados incluyen los puntos de diseño calculados, así como las sensibilidades a cambios en las variables de entrada individuales: cuanto mayor sea el valor absoluto del componente i-ésimo de γ, mayor es la sensibilidad con respecto a la variable i-ésima. El Cuadro 8.6 presenta también el número de iteraciones del algoritmo iHL-RF hasta converger, así como las probabilidades de fallo e índices de fiabilidad calculados en cada caso.

Cuadro 8.6: Resultados del análisis FORM para los componentes del modo de fallo 1 (Jiménez-Rodríguez *et al.* [2006]; $H = 20\,\text{m}$)

LSF	$g_1(\mathbf{x}) \leq 0$		$g_2(\mathbf{x}) \leq 0$		$g_4(\mathbf{x}) \leq 0$	
n_{iter}	3		179		16	
β^{FO}	$-1{,}13$		$2{,}45$		$1{,}50$	
P_f^{FO}	$8{,}71 \cdot 10^{-01}$		$7{,}11 \cdot 10^{-03}$		$6{,}71 \cdot 10^{-02}$	
	$\mathbf{x}^*$	γ	$\mathbf{x}^*$	γ	$\mathbf{x}^*$	γ
ξ_{X_B}	0.64	-1.00	0.66	0.49	0.65	0.78
ξ_{z_w}	0.25	0.00	0.22	-0.06	0.40	0.55
ϕ_A [deg]	36.00	0.00	34.11	0.00	34.77	-0.27
ϕ_B [deg]	32.00	0.00	26.50	-0.77	31.61	0.00
ϕ_{AB} [deg]	30.00	0.00	28.11	0.00	29.61	0.00
c_A [kPa]	19.61	0.00	18.45	0.00	18.95	-0.14
c_B [kPa]	17.57	0.00	14.71	-0.40	17.32	0.00
T [kN]	50.00	0.00	50.00	0.00	49.97	-0.01

En este caso, la sensibilidad más alta corresponde a la ubicación de la grieta de tracción (representada por ξ_{X_B}), sugiriendo que el conocimiento exacto de su ubicación es crucial en el análisis de estabilidad, y resaltando la importancia de un buen estudio geológico de las discontinuidades del macizo. La componente del vector de sensibilidad para el parámetro que modeliza el nivel de agua en las grietas, ξ_{z_w}, es positiva para $g_4(\mathbf{x})$, que modeliza la estabilidad del bloque A bajo el modo de fallo 1. Por tanto, ξ_{z_w} es una variable de carga con respecto a $g_4(\mathbf{x})$ (esto es, un incremento de ξ_{z_w} disminuye la fiabilidad, y viceversa). Los resultados son similares para la función de estado límite que modeliza la ausencia de interacción entre los bloques ($-g_2(\mathbf{x}) \leq 0$), lo que muestra que bajar el nivel de agua bajará la probabilidad de fallo bajo el modo 1. (Aunque esto puede cambiar las probabilidades de otros modos de fallo, haciendo que algunos modos de fallo que no estaban entre los más relevantes aumenten su importancia relativa).

La discusión anterior ilustra la naturaleza de sistema; esto es, la mitigación de un modo de fallo potencial (por ejemplo, aumentando T, o asegurando el drenaje) puede cambiar la importancia relativa de los otros modos de fallo. Es, por tanto, tarea del proyectista decidir qué diseño es preferible, basándose en probabilidades, costes, y consecuencias de los riesgos asociados a los distintos modos de fallo.

Las sensibilidades de los resultados de fiabilidad en relación a los parámetros de resistencia al corte dependen de la función de estado límite considerada. El Cuadro 8.6 muestra que, por ejemplo, la estabilidad del bloque A en el modo de fallo 1 es muy sensible a cambios en la cohesión y rozamiento de las discontinuidades. (Como podía esperarse, tanto c_A como ϕ_A son variables de resistencia, con γ mostrando que ϕ_A es más relevante que c_A en la seguridad del talud; del mismo modo, la estabilidad del bloque B, dada por $-g_2(\mathbf{x}) \leq 0$, es más sensible a cambios en ϕ_B que en c_B). Finalmente, las influencias de los cambios en la fuerza de sostenimiento en el pie, T, o en el ángulo de fricción entre bloques, ϕ_{AB}, no son muy significativas en este caso, sugiriendo que dichas variables podrían haberse tratado como deterministas.

El Cuadro 8.7 muestra los resultados, obtenidos mediante métodos de simulación, de la probabilidad del modo de fallo 1 para diversos valores de H. El número de iteraciones necesarias es mucho mayor que las iteraciones necesitadas por el algoritmo iHL-RF empleado en la solución FORM (*véase* el Cuadro 8.6). Esto muestra que el método basado en la solución FORM es computacionalmente más eficiente que los métodos tradicionales basados en Monte-Carlo.

Cuadro 8.7: Resultados de las simulaciones para el modo de fallo 1 [Jiménez-Rodríguez *et al.*, 2006]

H [m]	Monte Carlo				Simulación direccional			
	n_{iter}	P_f	β	$\text{cov}(P_f)$	n_{iter}	P_f	β	$\text{cov}(P_f)$
10	999000	$2{,}10 \cdot 10^{-05}$	4.10	0.218	61500	$1{,}65 \cdot 10^{-04}$	3.59	0.050
15	131000	$3{,}08 \cdot 10^{-03}$	2.74	0.050	9700	$4{,}76 \cdot 10^{-03}$	2.59	0.050
20	28000	$1{,}45 \cdot 10^{-02}$	2.18	0.049	3800	$1{,}98 \cdot 10^{-02}$	2.06	0.050
25	14000	$2{,}96 \cdot 10^{-02}$	1.89	0.048	2300	$3{,}77 \cdot 10^{-02}$	1.78	0.050
30	8000	$4{,}98 \cdot 10^{-02}$	1.65	0.049	1700	$5{,}50 \cdot 10^{-02}$	1.60	0.049
35	6000	$6{,}30 \cdot 10^{-02}$	1.53	0.050	1400	$6{,}97 \cdot 10^{-02}$	1.48	0.049
40	6000	$7{,}27 \cdot 10^{-02}$	1.46	0.046	1300	$8{,}02 \cdot 10^{-02}$	1.40	0.048

La Figura 8.7 muestra también que la probabilidad de fallo estimada mediante la aproximación FORM—aunque sea computacionalmente más eficiente—no es del todo exacta en algunos casos. (La calidad de la aproximación dependerá de la no-linealidad de la función de estado límite; *véase* la Figura 7.12). Sin embargo, cuando se consideran las contribuciones conjuntas de todos los modos de fallo, los resultados sí concuerdan bien con los valores "exactos" proporcionados por Monte Carlo; al parecer, los errores para los distintos modos de fallo se compensan mutuamente en este caso.

La Figura 8.8 muestra las cotas a la probabilidad de fallo del talud que se obtienen mediante el método de programación lineal propuesto por Song y Der Kiureghian [2003]. Estos resultados se han obtenido considerando solo información correspondiente al fallo de componentes individuales (esto es, $P(g_i(\mathbf{x}) \le 0)$, con $i = 1, \ldots, N_g$); así como con información correspondiente al fallo de componentes individuales y pares de componentes (esto es, $P(g_i(\mathbf{x}) \le 0 \bigcap g_j(\mathbf{x}) \le 0)$, con $i = 1, \ldots, N_g - 1$ y $j = i + 1, \ldots, N_g$). Los resultados muestran que las cotas de probabilidad calculadas solo con información de componentes individuales son demasiado amplias como para ser útiles; sin embargo, las cotas calculadas usando información de componentes individuales junto con información de pares

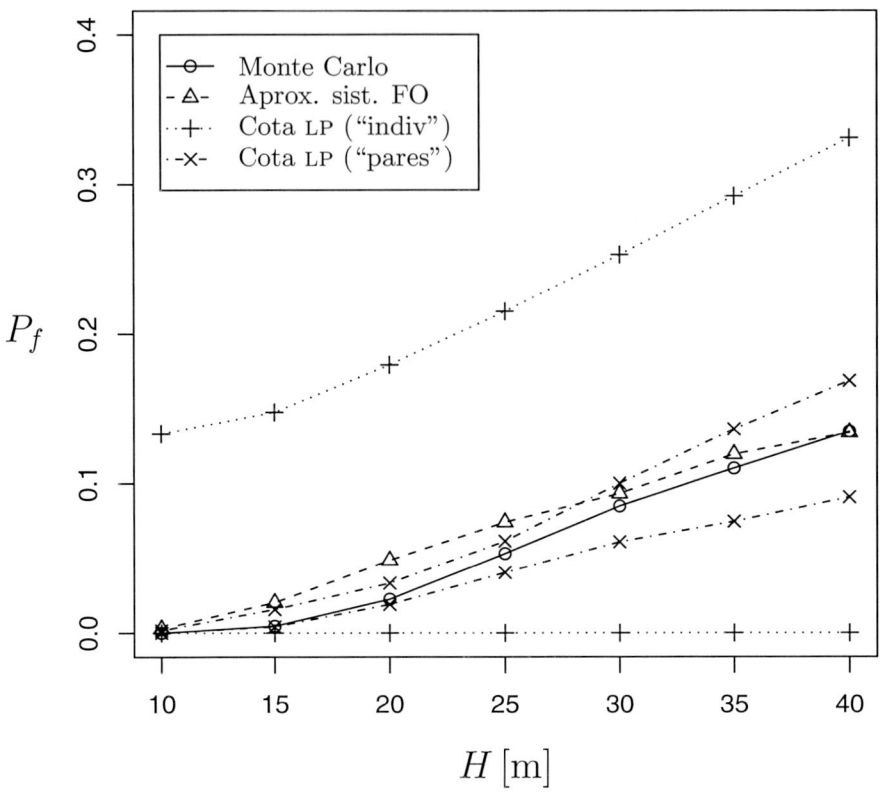

Figura 8.8: Comparación de las probabilidades de fallo del sistema calculadas con los diversos métodos [Jiménez-Rodríguez *et al.*, 2006]

de componentes son mucho más estrechas, mejorando por tanto la información que proporcionan sobre las cotas de la fiabilidad del talud considerado.

Parte IV

Integración de resultados

Capítulo 9

Predicciones de formación de bloques-clave

9.1. Introducción

En este capítulo se integran las dos condiciones para que un bloque de roca sea inestable y para predecir la "probabilidad" (o «tasa» o «intensidad») de formación de bloques inestables (bloques-clave) a lo largo de la excavación.

La primera condición está relacionada con la *admisibilidad cinemática* para que los bloques puedan desplazarse hacia la excavación; a los bloques que cumplen dicha condición se les ha llamado *bloques desplazables*. Esta condición de admisibilidad cinemática depende de la relación entre (i) la geometría de la excavación (la orientación del talud) y (ii) la estructura del macizo (esto es, el número y la orientación de las familias de discontinuidades existentes). Para identificar la admisibilidad cinemática pueden usarse los métodos presentados en el Capítulo 5; el resultado son las probabilidades de formación de bloques desplazables, de diferentes tamaños, a lo largo de la excavación propuesta.

Una vez se dispone de las probabilidades de formación de bloques desplazables, puede considerarse la segunda condición para que un bloque desplazable falle: que sus fuerzas desestabilizadoras sean superiores a las estabilizadoras. Dadas las incertidumbres existentes, se propone hacerlo en el marco de un análisis de fiabilidad que permite (i) considerar los aspectos de sistema debidos a los diversos modos de fallo y (ii) cuantificar sus probabilidades de fallo. En particular, la probabilidad de fallo de un bloque desplazable de un tamaño determinado puede calcularse particularizando, para el problema de estabilidad de bloques en taludes en roca considerado, la teoría de fiabilidad de sistemas que se presenta en el Capítulo 7.

En otras palabras, en este capítulo se presenta una *metodología integrada* para considerar las incertidumbres de los modelos para predecir la formación de bloques desplazables y para estimar su estabilidad. Este capítulo se centra en los aspectos teórico-formales de la metodología, mientras que el Capítulo 10 presenta un ejemplo de aplicación a un talud real en el que se han identificado inestabilidades de bloques en forma de cuña.

9.2. Desarrollo de la metodología integrada

9.2.1. Introducción

Para ilustrar la metodología integrada que se propone, se considera un ejemplo de aplicación con un talud rocoso, en el cual se forman bloques en cuña, y cuya geometría coincide con la presentada en la Figura 8.4. Las dimensiones del talud son $H = 30\,\text{m}$ de altura y $W = 300\,\text{m}$ de anchura. Los bloques (cuñas) se formarán al combinarse las discontinuidades de dos familias con orientación constante; dichas orientaciones, así como las orientaciones del talud y de la superficie superior, se indican en el Cuadro 9.1.

Cuadro 9.1: Orientación de las familias de discontinuidades y de las excavaciones [Jiménez-Rodríguez y Sitar, 2003]

	Discontinuidades		Excavación	
	JS_1	JS_2	Talud	Superficie
	[deg]	[deg]	[deg]	[deg]
Dirección Buzamiento	230	335	275	275
Buzamiento	50	60	60	10

Se emplea el modelo de discos de Poisson que se presenta en la Sección 4.2 para caracterizar la fracturación del macizo rocoso; esto es, se consideran discontinuidades circulares, con centros uniformemente distribuidos dentro del dominio de generación, con tamaños (radios) que siguen una distribución lognormal, y con generación de discontinuidades hasta alcanzar el valor de referencia de la intensidad volumétrica, P_{32} [m^2/m^3].

9.2.2. Predicción de la formación de bloques desplazables

Siguiendo las técnicas presentadas en el Capítulo 5, se emplean mapas de trazas de discontinuidades que, una vez rotados alrededor del eje que supone la intersección del talud con su superficie superior, permiten identificar, mediante la teoría de bloques, los bloques desplazables que se forman. La Figura 9.1 muestra un ejemplo de dichos mapas de trazas, una vez rotados, en el que se muestran los bloques desplazables indentificados.

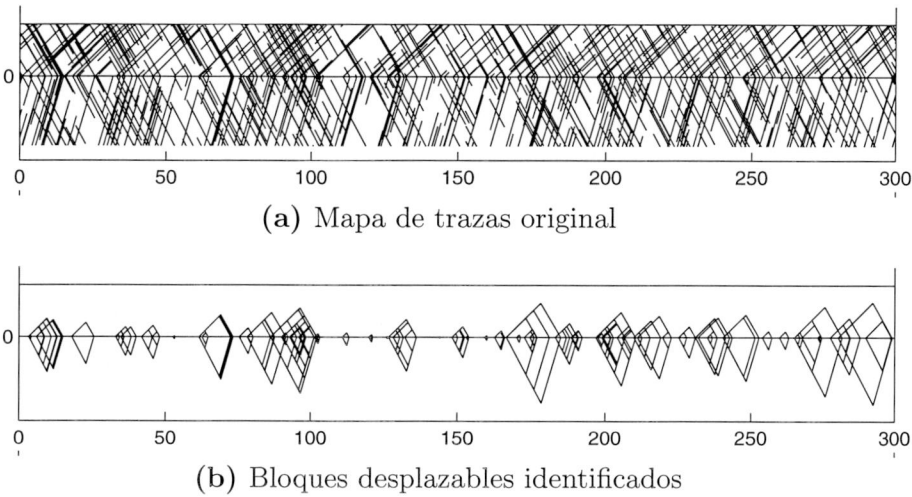

(a) Mapa de trazas original

(b) Bloques desplazables identificados

Figura 9.1: Uso de la teoría de bloques para identificar bloques desplazables [Jiménez-Rodríguez y Sitar, 2003]

Con objeto de estimar las consecuencias de un eventual fallo, que en gran medida dependerán de las dimensiones del bloque inestable, se divide el tamaño de los bloques desplazables identificados en varios intervalos (*véase* el Cuadro 9.2); nótese que se considera el tamaño relativo de los bloques (cuñas) con respecto a la altura total del talud, H.

Cuadro 9.2: Intervalos de tamaños de bloque considerados [Jiménez-Rodríguez y Sitar, 2003]

Intervalos	I_1	I_2	I_3	I_4	I_5	I_6
Tamaños (h)	$[0, \frac{H}{6}]$	$[\frac{H}{6}, \frac{H}{3}]$	$[\frac{H}{3}, \frac{H}{2}]$	$[\frac{H}{2}, \frac{2H}{3}]$	$[\frac{2H}{3}, \frac{5H}{6}]$	$[\frac{5H}{6}, H]$

A continuación, se estima la probabilidad de formación de bloques desplazables de los distintos tamaños considerados para un macizo rocoso cuya estructura (esto es, cuyos parámetros del modelo estocástico de discos de Poisson) se supone conocida. Una alternativa para ello sería desarrollar simulaciones de Monte Carlo de las discontinuidades del macizo rocoso, en las que se identifique el número y tamaño de los bloques desplazables que se forman (*véase* la Figura 9.1). Otra alternativa, que además informa sobre la sensibilidad a los parámetros del macizo —la intensidad volumétrica de fracturación, P_{32}; y la media, μ_R, y desviación típica, σ_R, de la distribución lognormal asumida para las distribuciones— es realizar un análisis factorial basado en el modelo de regresión de Poisson. (Recuérdese que Ambartzumian *et al.* [1996] han demostrado que, bajo el supuesto de discontinuidades siguiendo un proceso de Poisson, la formación de bloques también sería un proceso de Poisson). Así, la probabilidad de formación de bloques desplazables para cada intervalo de tamaños se obtiene, mediante regresión de Poisson, a partir de las simulaciones realizadas en el contexto de un diseño factorial completo —usando como factores las tres variables explicativas mencionadas, P_{32}, μ_R, y δ_R; con los niveles para cada factor se presentan en el Cuadro 9.3— con dicho modelo de generación de fracturas.

Resultados de la regresión

Antes de hacer la regresión, se realizan las siguientes transformaciones: $x_1 = \log(\mu_R/H)$, $x_2 = \log(\delta_R/0{,}25)$, y $x_3 = \log(P_{32}/1{,}25)$; de modo que la regresión se lleva a cabo sobre x_1, x_2, y x_3. La Figura 9.2 muestra las predicciones del modelo de regresión ajustado para cada intervalo de tamaños, así como los resultados de las simulaciones realizadas durante el diseño factorial. (La clave para la interpretación de los diferentes casos de la Figura 9.2 se presenta en

Cuadro 9.3: Factores y niveles empleados para el diseño factorial completo empleado en el análisis de regresión de Poisson [Jiménez-Rodríguez y Sitar, 2003]

Factores	Niveles					
	-3	-2	-1	1	2	3
μ_R/H	$1/3$	$1/2$	1	2	5	10
δ_R			0.15	0.35		
P_{32}			1.00	1.50		

el Cuadro 9.4). Los resultados muestran que las tendencias generales, así como la influencia de los parámetros de entrada, son similares a las obtenidas en el Capítulo 6: P_{32} tiene una influencia significativa; los cambios en μ_R tienen mayor influencia cuando las discontinuidades son "pequeñas" en relación al tamaño del talud; y los cambios en σ_R tienen una importancia secundaria.

Cuadro 9.4: Clave para la interpretación de casos en la Figura 9.2 [Jiménez-Rodríguez y Sitar, 2003]

	Niveles		Valores	
	δ_R	P_{32}	δ_R	P_{32}
Caso-1	-1	-1	0.15	1.00
Caso-2	-1	1	0.15	1.50
Caso-3	1	-1	0.35	1.00
Caso-4	1	1	0.35	1.50

Probabilidad de formación de bloques desplazables

El modelo de regresión ajustado anteriormente puede emplearse para predecir la probabilidad de formación de bloques desplazables. En este ejemplo de aplicación, asumimos un macizo rocoso cuya estructura viene caracterizada por los siguientes parámetros de entrada: $\mu_R/H = 1{,}16$, $\delta_R = 0{,}30$, y $P_{32} = 1{,}15\,\mathrm{m}^{-1}$. Las probabilidades de formación de bloques desplazables que resultan se presentan en la Figura 9.3; dichos resultados muestran que, en este caso, la frecuencia

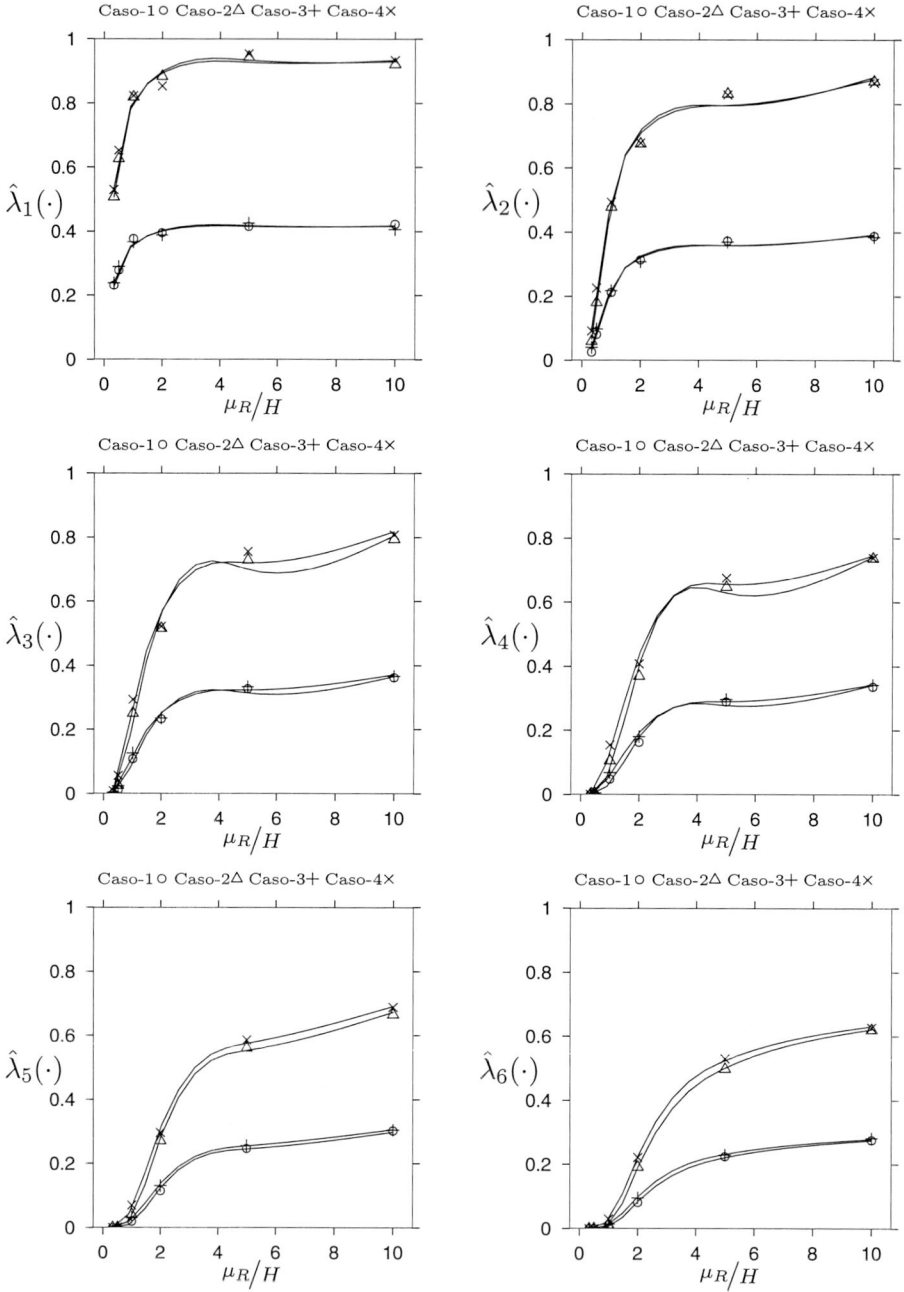

Figura 9.2: Dependencia del modelo ajustado para la predicción de la probabilidad de formación de bloques desplazables a cambios en las variables de entrada del modelo de discontinuidades de Poisson [Jiménez-Rodríguez y Sitar, 2003]

relativa de ocurrencia de bloques desplazables aumentaría al disminuir el tamaño de los bloques —los bloques desplazables "pequeños" son más habituales que los "grandes".

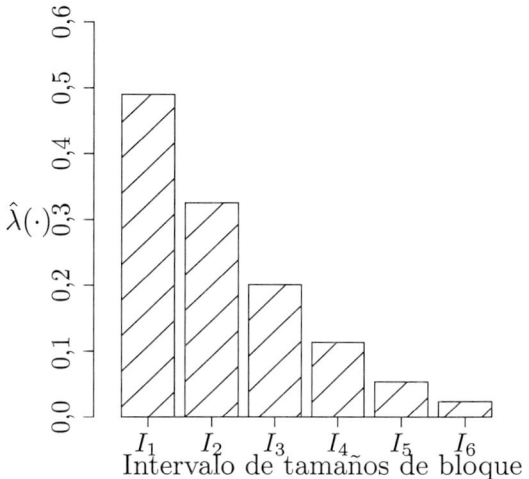

Figura 9.3: Probabilidad de formación de bloques desplazables de diferentes tamaños (Jiménez-Rodríguez y Sitar [2003]; para $\mu_R/H = 1{,}16$, $\delta_R = 0{,}30$, y $P_{32} = 1{,}15$ [m^{-1}])

9.2.3. Análisis de estabilidad de bloques desplazables

El siguiente paso de la metodología considera la estabilidad de los bloques desplazables identificados. Sin embargo, este análisis es inherentemente incierto, dado que se dispone de información incompleta sobre las variables que afectan a la estabilidad de un bloque —por ejemplo, existen incertidumbres en las fuerzas estabilizadoras y desestabilizadoras que actúan sobre el bloque, así como sobre las condiciones del agua en las juntas.

Como se discute en la Sección 8.2.2, para calcular la estabilidad de los bloques en forma de cuña identificados como desplazables puede emplearse la solución de equilibrio límite propuesta por Low [1997]. La Figura 8.4 ilustra el tipo de bloques tetrahédricos considerados, así como los parámetros necesarios para describir su geometría. Basándonos en la Figura 8.4, y usando las orientaciones de las familias de discontinuidades y de las superficies de excavación que se presentan en el Cuadro 9.1, la geometría de un bloque desplazable típico para este ejemplo de aplicación puede caracterizarse mediante los siguientes parámetros deterministas: $\alpha = 60$ deg, $\Omega = 10$ deg, $\delta_1 = 50$ deg, $\beta_1 = 45$ deg, $\delta_2 = 60$ deg, y $\beta_2 = 60$ deg. Los pesos específicos de la roca que forma los bloques y del agua de las discontinuidades también se consideran deterministas, con valores $\gamma_{rock} = 26\,\text{kN/m}^3$ y $\gamma_w = 9{,}8\,\text{kN/m}^3$.

Además, dadas las incertidumbres en su caracterización o su influencia en el modelo, se consideran varios parámetros probabilistas: c_1 y c_2 representan la cohesión sobre las discontinuidades que forman la cuña; ϕ_1 y ϕ_2 representan los ángulos de rozamiento correspondientes; y G_w es un parámetro de presión del agua. Sus distribuciones estadísticas, que se consideran como independentes en este caso, se presentan en el Cuadro 9.5. (Recuérdese, no obstante, que la independencia no es un requisito de la metodología, y que las técnicas de fiabilidad presentadas en el Capítulo 7 son también aplicables a casos con variables aleatorias no-independientes).

Cuadro 9.5: Distribuciones estadísticas de variables de entrada en el modelo de estabilidad [Jiménez-Rodríguez y Sitar, 2003]

Variable	Tipo	Parámetros			
		μ	σ	a	b
c_1 [kPa]	Lognormal	24	5		
ϕ_1 [deg]	Beta	28	4	20	40
c_2 [kPa]	Lognormal	35	8		
ϕ_2 [deg]	Beta	32	5	20	45
G_w	Normal	0.5	0.12		

Según se ha discutido en el Capítulo 8, pueden identificarse cuatro modos de fallo (MF) diferenciados para un bloque desplazable en forma de cuña como los considerados aquí: deslizamiento a lo largo de la línea de intersección de los dos planos que forman el bloque (MF 1); deslizamiento a lo largo del plano 1 únicamente (MF 2); deslizamiento a lo largo del plano 2 únicamente (MF 3); y un modo de fallo "por flotación" (MF 4). Al tratarse de un enfoque basado en el equilibrio límite, el comportamiento del talud puede representarse mediante el factor de seguridad, FS, de la cuña en relación a dichos modos de fallo. Por ejemplo, se ha visto (Ecuación 8.15) que el factor de seguridad del bloque en forma de cuña frente a su modo de fallo 1, FS_1, viene dado por una expresión analítica en función de la geometría de la cuña, de los parámetros resistentes de las discontinuidades, y de las condiciones hidráulicas.

La función de estado límite que se usará en el análisis de fiabilidad se formula, a partir del factor de seguridad frente al modo de fallo 1, siguiendo la convención habitual de que el «fallo» quede representado por valores menores a cero. Por tanto, la función de estado límite para el modo de fallo 1 sería:

$$g_1(c_1, \phi_1, c_2, \phi_2, G_w) = FS_1(c_1, \phi_1, c_2, \phi_2, G_w) - 1, \qquad (9.1)$$

donde FS_1 es el factor de seguridad calculado con la Ecuación (8.15).

Para tener en cuenta los diferentes tamaños de bloque, se realizan cálculos de fiabilidad variando las dimensiones del bloque desplazable considerado (véase el Cuadro 9.2), manteniendo los parámetros deterministas indicados anteriormente y las distribuciones estadísticas cuyos tipos y parámetros se indican en el Cuadro 9.5. La Figura 9.4 muestra la probabilidad de fallo *total*, calculada con el método de Monte Carlo, de los bloques en cada caso; también muestra la contribución que cada modo de fallo individual tiene en la probabilidad de fallo total. (Los cálculos se han realizado con el programa CALREL [Liu et al., 1989]). Como podía esperarse, la probabilidad de fallo de un bloque aumenta conforme aumentan sus dimensiones. Además, los resultados indican que, para este caso, el MF 1 es el más importante, siendo responsable de la mayor parte de la probabilidad de fallo total de los bloques; el MF 4 también tiene cierta relevancia, mientras que los MF 2 y 3 serían prácticamente despreciables y no se muestran en la Figura 9.4.

9.2.4. Predicción de la formación de bloques inestables

Los resultados del análisis de fiabilidad pueden emplearse, junto con las probabilidades de formación de bloques desplazables, para calcular las probabilidades de formación de bloques inestables. Para ello, se emplea un modelo

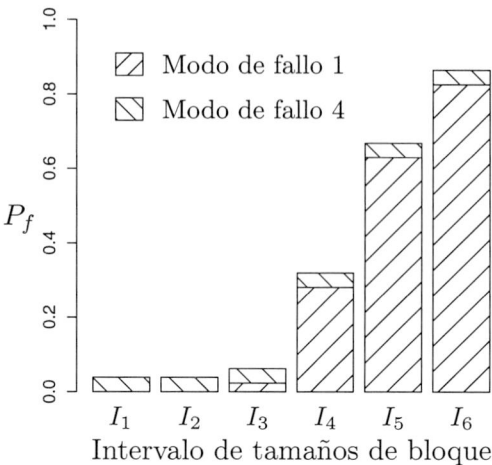

Figura 9.4: Resultados del análisis de fiabilidad de bloques desplazables en función de su tamaño [Jiménez-Rodríguez y Sitar, 2003]

de Poisson con selección aleatoria [Stone, 1996], en el que la probabilidad de formación de bloques inestables resulta como el producto de la probabilidad de formación de bloques desplazables por su probabilidad de fallo. Esto es, la probabilidad esperada de formación de bloques inestables correspondientes al intervalo de tamaños i, $\hat{\lambda}'_i(\cdot)$ (con $i = 1, \ldots, 6$ en este caso), se calcula como:[1]

$$\hat{\lambda}'_i(\cdot) = \hat{\lambda}_i(\cdot)\, P_{f,i}, \tag{9.2}$$

donde $\hat{\lambda}_i(\cdot)$ es la probabilidad de formación de bloques desplazables cuyo tamaño se encuentra dentro del i-ésimo intervalo, I_i; y $P_{f,i}$ es la probabilidad de fallo que corresponde a los bloques desplazables de dicho tamaño.

Los resultados obtenidos para este ejemplo se muestran en la Figura 9.5; puede observarse que las probabilidades relativas de ocurrencia de bloques inestables cambian significativamente, en relación a las probabilidades de formación

---

[1]La Ecuación (9.2) asume un proceso de Poisson con selección aleatoria de los bloques desplazables identificados, en el que un bloque desplazable del intervalo de tamaños i fallará (o no) según determine una distribución binomial de parámetro $P_{f,i}$. Por tanto, se producirá otro proceso de Poisson de parámetro $\hat{\lambda}'_i = \hat{\lambda}_i P_{f,i}$ ya que al realizar una selección aleatoria con probabilidad de selección π sobre los eventos que resultan de un proceso de Poisson con intensidad λ se obtiene un nuevo proceso de Poisson con intensidad $\lambda \cdot \pi$ [*véase* Stone, 1996].

de bloques desplazables, cuando se considera su probabilidad de fallo. En particular, la probabilidad esperada de formación de bloques inestables es mayor en este caso para cuñas de tamaño medio a alto (esto es, intervalos I_4 y I_5), siendo significativamente menores las probabilidades de formación de bloques inestables de otros tamaños.

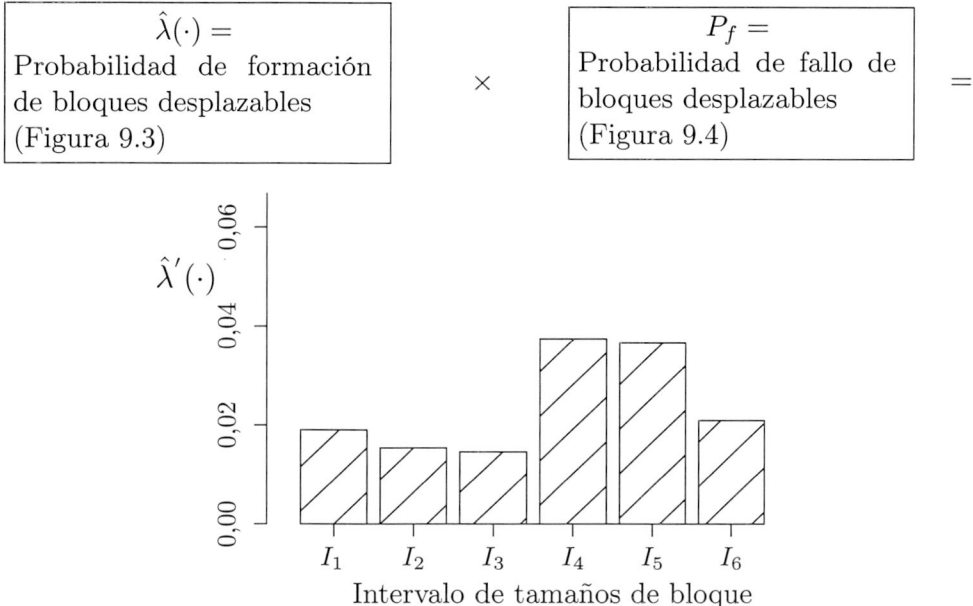

Figura 9.5: Metodología para calcular la probabilidad de formación de bloques inestables (*keyblocks*) de diferentes tamaños, y resultados de los cálculos [Jiménez-Rodríguez y Sitar, 2003]

9.3. Comentarios finales

En este capítulo se propone y demuestra el uso de una metodología para estimar la probabilidad de formación de bloques inestables en excavaciones en macizos rocosos con discontinuidades. La metodología considera, conjuntamente, la probabilidad de formación de bloques desplazables con su probabilidad de fallo (Figura 9.5): basándose en los resultados teóricos de Ambartzumian *et al.* [1996], se emplea un modelo estocástico de discontinuidades de Poisson para modelizar la formación de bloques desplazables de distintos tamaños, y se estima su tasa de ocurrencia mediante una regresión de Poisson realizada a partir de los resultados de simulaciones de Monte Carlo; entonces, una vez caracterizada la estructura del macizo —siguiendo por ejemplo las técnicas descritas en los Capítulos 2 a 4— puede emplearse este modelo de regresión para predecir la probabilidad de formación de bloques desplazables.[2]

Se considera entonces, mediante métodos de equilibrio límite, la estabilidad de los bloques desplazables identificados, y se calcula la probabilidad de fallo de los diversos modos de fallo considerados mediante métodos avanzados de fiabilidad de sistemas. Como se esperaba, la estabilidad de los bloques se ve afectada por su tamaño, de modo que los bloques de mayor tamaño tienen mayores probabilidades de fallo.

Finalmente, se actualiza, para cada intervalo de tamaños de bloque, la probabilidad de formación de bloques desplazables con sus probabilidades de fallo; con ello resulta la probabilidad de ocurrencia de bloques inestables (bloques-clave o *keyblocks*). Los resultados indican que las predicciones originales de probabilidades de formación de bloques desplazables pueden cambiar significativamente —tanto en su valor absoluto como en la importancia relativa de unos tamaños de bloque frente a otros— al considerar sus probabilidades de fallo. Ello enfatiza la importancia de considerar, de un modo integrado y en un contexto de incertidumbre, las diversas fuentes de incertidumbre que afectan a la formación de bloques inestables en excavaciones realizadas en macizos rocosos discontinuos.

---

[2]Como alternativa que evita del análisis de regresión (por ejemplo, cuando no se necesite conocer la influencia de los parámetros de entrada), y tal como se muestra en el Capítulo 10, puede también estimarse la probabilidad de formación de bloques desplazables haciendo directamente simulaciones de Monte Carlo con los parámetros del modelo estocástico de discontinuidades, y contando posteriormente el número y tamaño de los bloques desplazables identificados.

Capítulo 10

Ejemplo de aplicación

10.1.   Introducción

En este capítulo se presenta un ejemplo de aplicación de la metodología propuesta, empleando para ello un talud real de la carretera A-397 entre San Pedro de Alcántara y Ronda (Málaga) en el que se han producido caídas de bloques en forma de cuña. Su objetivo es calcular la probabilidad de formación de bloques-clave y, en particular, de los bloques inestables en forma de cuña identificados en el talud. Se comienza con una breve introducción al contexto geológico de la zona de estudio, para pasar después a caracterizar las variables de entrada de los modelos empleados —esto es, del modelo de generación de discontinuidades y del modelo de estabilidad. Ello permitirá estimar la probabilidad de formación de bloques desplazables, así como su probabilidad de fallo. Asimismo, según se ha visto en el Capítulo 9, al considerar ambas probabilidades de forma integrada podrá calcularse también la probabilidad de formación de bloques inestables.

10.2.   Geología de la zona de estudio

10.2.1.   Introducción

En esta sección se presenta una breve descripción de la geología de la zona de estudio, tanto a escala regional como a escala local. El motivo de dicho estudio

es que la geología suele ser un factor determinante para el estudio y la caracterización de los macizos rocosos, y que una buena caracterización geológica es
fundamental para una adecuada caracterización de sus propiedades geotécnicas.

Las fuentes de información empleadas para este estudio incluyen los mapas
geológicos de la zona publicados por el Instituto Geológico y Minero (IGME), así
como libros y otras publicaciones científicas en revistas y medios especializados.
Se ha desarrollado también una labor de trabajo de campo.[1]

10.2.2. Geología regional

El macizo rocoso que se investiga está situado en el extremo occidental de
las cordilleras Béticas formadas durante la orogenia Alpina debido a la colisión
entre las placas Africana y Europea. Las cordilleras Béticas pueden subdividirse
en tres dominios tectónicos principales (véanse las Figuras 10.1 y 10.2; [Azañón
et al., 2002]):

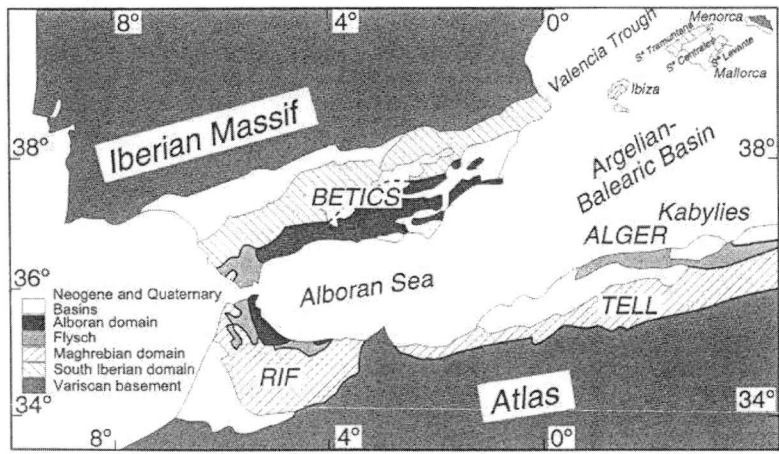

Figura 10.1: Esquema geológico de las cordilleras Béticas [Azañón *et al.*, 2002]

1. El primer dominio tectónico son los paleomárgenes de la parte sur de la
    placa Ibérica y la parte norte de la placa Africana. En general, presentan

---

[1]El trabajo de campo que se describe posteriormente ha sido realizado con la colaboración
de D. Nikolaos Leonidas Theodosiou, estudiante del *MSc Course in Soil Mechanics & Engineering Seismology* de Imperial College London [Theodosiou, 2008]. El autor aprovecha esta
mención para agradecer su contribución a este trabajo de campo.

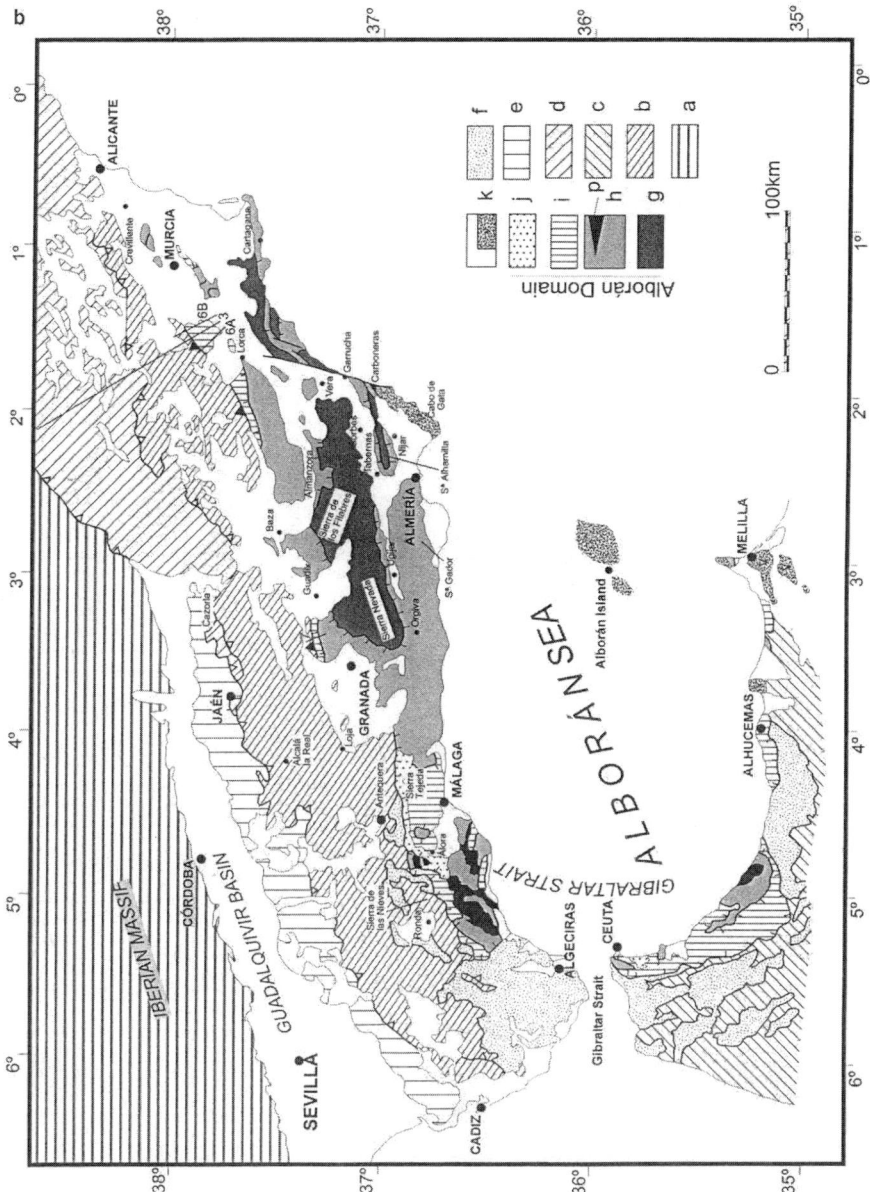

Figura 10.2: Plano geológico de las cordilleras Béticas [Azañón *et al.*, 2002].
Leyenda: (a) macizo Ibérico; (b) zona Subbética; (c) Prerif y Mesorif; (d) zona
Prebética; (e) olistostromos y brechas; (f) flysh; (g) complejo Nevado-Filábride;
(h) complejo Alpujárride; (i) complejo Maláguide; (j) flysh; (k) cuencas Neóge-
nas; (p) formación de peridotitas.

rocas sedimentarias (aunque hay también rocas volcánicas) de las edades Mesozoica a Terciaria que cubren un basamento más antiguo. Al deformarse durante la orogenia Alpina, dieron lugar a las «zonas externas» de las cordilleras Béticas.

2. El segundo dominio tectónico está constituido por sedimentos de aguas profundas sometidos a grandes deformaciones (por ejemplo, rocas turbidíticas tipo *flysh*). Probablemente se formaron en una cuenca sedimentaria entre las dos placas que colisionaban, y que estaría limitada también por las partes internas de la cordillera, que se describen a continuación.

3. El tercer dominio tectónico, en el cual se sitúa la zona de estudio (aunque en otras localizaciones cercanas pueden observarse afloramientos correspondientes a los otros dominios tectónicos), son las «zonas internas» de la cordillera. Consisten principalmente en tres complejos tipo *nappe* con un grado de metamorfismo variable que decrece desde las zonas inferiores a las superiores. El complejo más profundo (y más metamorfizado) es el complejo «Nevado-Filábride», que se encuentra a su vez cubierto por el complejo «Alpujárride» y por el complejo «Maláguide».

Desde un punto de vista tectónico, se produjo una colisión — principalmente entre las zonas internas y las formaciones turbidíticas en un extremo y los paleomárgenes de las placas Ibérica y Africana en el otro—- durante las etapas iniciales del Mioceno, lo que dió lugar a una cordillera de tipo *fold-and-thrust* en las zonas externas. Las zonas internas, por otro lado, se vieron afectadas por los sistemas de fallas de extensión consecuencia de los procesos de *rifting* y de extensión de la corteza. Posteriormente, las zonas internas estuvieron sometidas a compresión de orientación aproximadamente N-S a NO-SE, lo que produjo un levantamiento, con la correspondiente emergencia, de una parte de los materiales miocenos de la cuenca de Alborán, un sistema de pliegues abiertos de grandes dimensiones con dirección aproximadamente E-O, así como al desarrollo de fallas en el sistema extensivo preexistente.

Este modelo tectónico parece soportado, a escala local, por las observaciones realizadas durante el trabajo de campo. En particular, en la zona del talud investigado se observaron dos sistemas de fallas y un sistema de discontinuidades subverticales, de dirección aproximadamente N-S, que pueden ser explicadas en el contexto del modelo geológico regional anteriormente descrito, ya que resultarían de esfuerzos de tracción asociados a un campo de compresiones de dirección aproximada N-S. La presencia de dichas discontinuidades es muy relevante en este caso ya que, como se mostrará más adelante, aparecen en el campo como una de las familias que componen los bloques en forma de cuña que han fallado en el talud.

10.2.3. Geología local

La formación geológica en la que se sitúa el talud estudiado, que es exclusiva de dicha zona (no se observa en otras áreas de las cordilleras Béticas), es una formación de rocas ultramáficas a las que se conoce como «peridotitas de Ronda». Las Figuras 10.3 y 10.4 muestran las posiciones relativas de cada formación y unidad geolítica en las inmediaciones de la zona de estudio.

Basado en la discusión anterior, las «peridotitas de Ronda» serán la formación geológica de mayor relevancia para este trabajo. Es por ello que la discusión que sigue se centra en dicha formación; para mayor información sobre otras formaciones que afloran cerca del talud de estudio —la formación de «Las Nieves» y de «La Blanca»; y los complejos «Alpujárride» y «Maláguide»— puede consultarse la memoria que acompaña a la hoja correspondiente a Marbella del Mapa Geológico de España (E=1:50,000) [IGME, 1978].

La formación de las peridotitas de Ronda

La zona de estudio se sitúa en esta formación. Principalmente comprende rocas ultrabásicas que, generalmente, pueden clasificarse como «peridotitas». (Podrían utilizarse diferencias en su mineralogía —por ejemplo, en su contenido de serpentinita— para establecer una clasificación más precisa, aunque aquí no se considerarán dichas diferencias ya que el comportamiento ingenieril de los distintos subtipos de peridotita es similar). Su origen no está claro; una teoría reciente sugiere que son un gran bloque desgarrado del manto que se incluyó en la pila de *nappes* del complejo Alpujárride [Azañón *et al.*, 2002]. (Investigaciones previas sugerían un contacto magmático entre las peridotitas

ESQUEMA REGIONAL

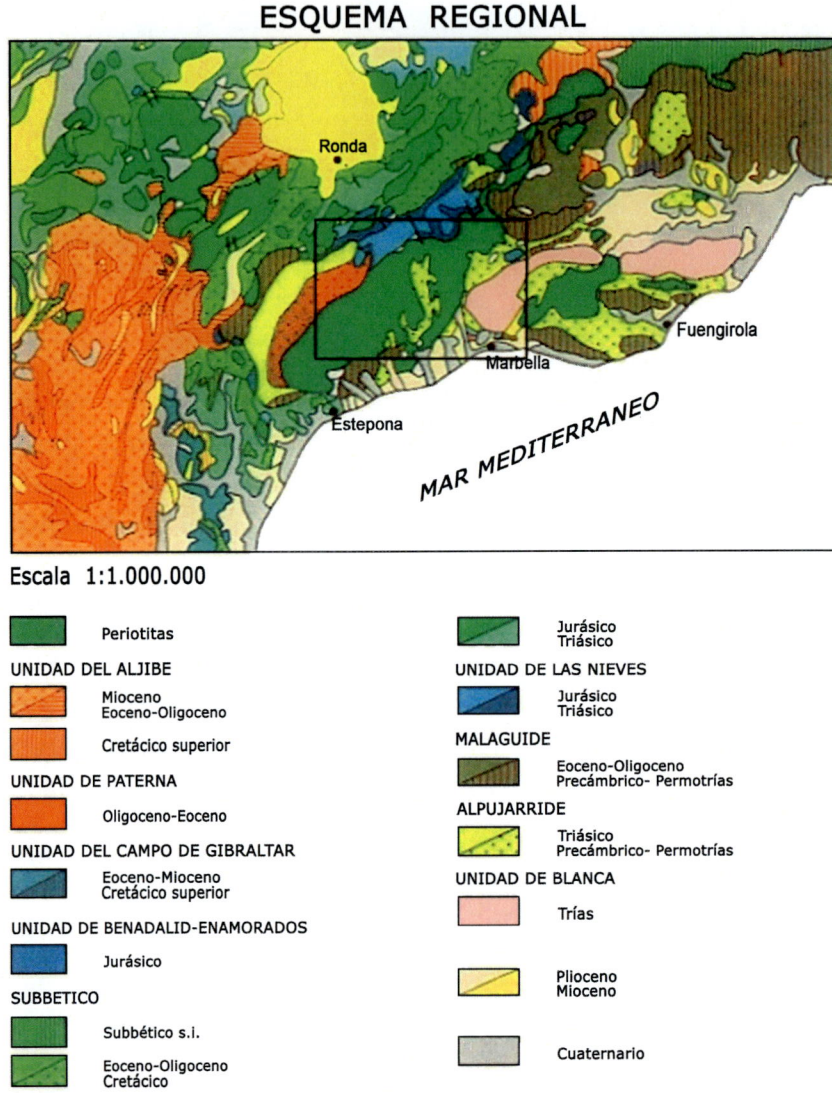

Escala 1:1.000.000

Periotitas

UNIDAD DEL ALJIBE

Mioceno
Eoceno-Oligoceno

Cretácico superior

UNIDAD DE PATERNA

Oligoceno-Eoceno

UNIDAD DEL CAMPO DE GIBRALTAR

Eoceno-Mioceno
Cretácico superior

UNIDAD DE BENADALID-ENAMORADOS

Jurásico

SUBBETICO

Subbético s.i.

Eoceno-Oligoceno
Cretácico

Jurásico
Triásico

UNIDAD DE LAS NIEVES

Jurásico
Triásico

MALAGUIDE

Eoceno-Oligoceno
Precámbrico- Permotrías

ALPUJARRIDE

Triásico
Precámbrico- Permotrías

UNIDAD DE BLANCA

Trías

Plioceno
Mioceno

Cuaternario

Figura 10.3: Mapa geológico de la zona a escala regional [IGME, 1978, escala modificada con respecto al original]

y las rocas alpujárrides circundantes [IGME, 1978]). La nueva interpretación se sustenta en la observación de (i) zonas de cizalla en la formación de peridotitas que separan a las diferentes rebanadas tectónicas, y (ii) zonas de cizalla paralelas

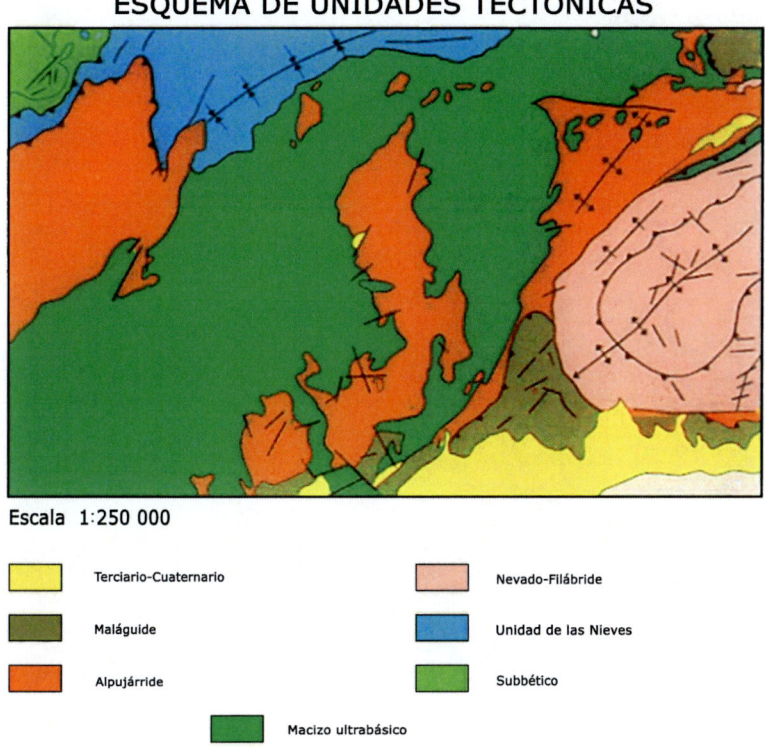

ESQUEMA DE UNIDADES TECTONICAS

Escala 1:250 000

Terciario-Cuaternario		Nevado-Filábride
Maláguide		Unidad de las Nieves
Alpujárride		Subbético
Macizo ultrabásico		

Figura 10.4: Mapa geológico de la zona a escala local [IGME, 1978, escala modificada con respecto al original]

a las zonas de contacto con la formación Alpujárride que la rodea. (*Véanse* Azañón *et al.* [2002] y las referencias allí incluidas).

10.3. Trabajo de campo

Se ha realizado un reconocimiento del talud objeto de nuestro estudio. Ello ha permitido tomar datos para caracterizar su geometría, así como para una caracterización geológico-geotécnica somera. La Figura 10.5 muestra una vista general del talud de la zona de estudio, y la Figura 10.6 muestra vistas parciales de las zonas Oeste y Este del talud.

Figura 10.5: Vista general del talud de estudio (hacia el Sur; fotografía del autor)

Pueden apreciarse varios bloques en forma de cuña que han fallado a lo largo del talud. También que la mayoría de dichos fallos se concentran en la zona Oeste del talud considerado (*véase* la Figura 10.6(a)); mientras que las cuñas inestables son menos frecuentes, y más pequeñas, en la zona Este (Figura 10.6(b)).

Se han realizado también trabajos para identificar la roca y caracterizar sus propiedades geotécnicas. Las pruebas de campo (mediante golpeo con martillo geológico y con martillo Schmidt) muestran que la peridotita intacta presenta, en general, una resistencia de alta a muy alta, con una buena calidad geomecánica. Sin embargo, en algunas zonas (y especialmente junto a las discontinuidades) la roca está alterada, con grosores de alteración de entre varios milímetros a varios centímetros (y casi siempre mayores a un centímetro), que forman una serpentinita con peores propiedades geotécnicas; *véase* la Figura 10.7.

(a) Vista parcial zona Oeste

(b) Vista parcial zona Este

Figura 10.6: Vista parcial del talud en su zona Oeste y en su zona Este (fotografías del autor)

(a) Vista general de varias discontinuidades

(b) Ilustración del grosor de la zona alterada

Figura 10.7: Ejemplos de alteración de la roca en las discontinuidades (fotografías del autor)

Durante el trabajo de campo se tomaron también datos de la orientación de las discontinuidades. Ello permitió caracterizar su estructura (la orientación de las familias de discontinuidades principales); así como analizar la admisibilidad cinemática para que se formen bloques desplazables. En particular, se observó que los planos que forman las cuñas tienen orientaciones —expresadas en formato dirección de buzamiento/buzamiento— de (aprox.) 280/80 y 035/48, si bien esta última familia presenta mayor buzamiento en la parte superior de algunas cuñas.

10.4. Estimación de los parámetros del modelo

10.4.1. Caracterización de la estructura del macizo

Para caracterizar la estructura del macizo, y para identificar sus familias de discontinuidades principales, se dispone de 90 medidas de orientaciones de discontinuidades que se tomaron en el talud durante el trabajo de campo con la ayuda de *scanlines*. El Cuadro 10.1 reproduce los valores de las orientaciones —expresadas en formato «dirección de buzamiento»/«buzamiento»— de las discontinuidades registradas.

A partir de dichas discontinuidades pueden identificarse las principales familias de discontinuidades del macizo rocoso; se emplean para ello los métodos de agrupamiento espectral que se presentan en el Capítulo 2. Así, la Figura 10.8 muestra los resultados obtenidos cuando se consideran $K = 2$ y $K = 3$ familias de discontinuidades, y el Cuadro 10.2 muestra las orientaciones medias de las familias identificadas en cada caso. (Nótese que para $K = 3$ se aprecia una familia de discontinuidades que es aproximadamente horizontal y de la cual no se dispone de muchas medidas; no obstante, esta familia no afecta mucho al comportamiento del talud, con lo que podría obviarse). Las observaciones de campo han permitido identificar las familias de discontinuidades que forman las cuñas inestables. Los "moldes" de las cuñas que han fallado en el talud están formadas principalmente por discontinuidades de las familias 1 y 2 indicadas en el Cuadro 10.2. Es por ello que dichas familias serán las empleadas en los análisis que siguen.

Cuadro 10.1: Orientación de las líneas de máxima pendiente de las discontinuidades del macizo rocoso

Dir buz	Buz	Dir Buz	Buz	Dir Buz	Buz
200	70	336	14	25	60
60	71	196	48	26	55
294	76	238	90	263	80
320	65	172	76	257	80
312	70	164	80	42	40
29	43	32	70	50	45
200	79	350	10	280	75
200	80	303	85	280	76
300	90	33	77	20	46
320	72	276	85	50	50
192	76	30	58	40	44
183	79	30	58	280	76
202	72	307	89	275	85
312	88	303	88	280	90
24	36	300	85	282	82
15	40	3	60	12	68
40	36	2	63	12	66
215	89	264	83	12	56
342	48	275	86	16	56
200	78	264	80	26	50
182	63	62	60	18	56
180	70	68	60	6	64
14	51	290	80	278	82
20	40	282	88	280	84
314	62	283	84	282	85
174	74	348	72	290	76
194	48	8	42	288	78
54	80	26	44	50	60
50	76	267	90	52	58
352	16	280	80	52	56

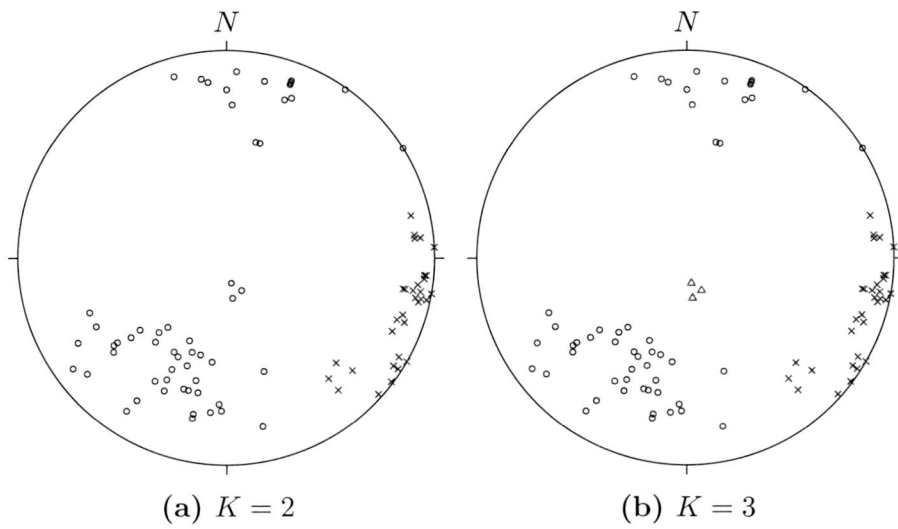

(a) $K = 2$ (b) $K = 3$

Figura 10.8: Familias principales de discontinuidades del macizo cuando se consideran $K = 2$ y $K = 3$ familias

Cuadro 10.2: Orientación de los polos de las familias de discontinuidades identificadas cuando se consideran $K = 2$ y $K = 3$ familias

Familia	Dir Buz	Buz
1	106.6	9.0
2	204.2	27.1

(a) $K = 2$

Familia	Dir Buz	Buz
1	106.6	9.0
2	204.5	24.4
3	165.9	76.7

(b) $K = 3$

10.4.2. Calibración mediante algoritmos genéticos

En esta sección se emplea un algoritmo genético para calibrar los parámetros del modelo de discos de Poisson empleado para modelizar discontinuidades. En particular, se pretende estimar aquellos parámetros que tienen una mayor influencia en la formación de bloques desplazables (*véase* el Capítulo 6): la intensidad de fracturación y el tamaño medio de las discontinuidades. Para ello, se emplean mapas de trazas de discontinuidades elaborados a partir de fotografías de los taludes. La Figura 10.9 muestra un ejemplo en el que se muestran las principales discontinuidades identificadas para calibrar el modelo estocástico.

Figura 10.9: Fotografía para identificar trazas de discontinuidades

La Figura 10.10 muestra el mapa de trazas de discontinuidades identificadas sobre el talud que constituye el «dominio de muestreo». (La orientación del talud en esta zona es de 296/65, en formato «dirección de buzamiento»/«buzamiento»). La calibración se realiza por familias —las distintas familias pueden tener distintas intensidades o tamaños— por lo que se necesita identificar primero las trazas que pertenecen a cada familia antes de poder calibrar cada familia por separado. La Figuras 10.10(b) y 10.10(c) muestran los mapas de trazas de cada familia.

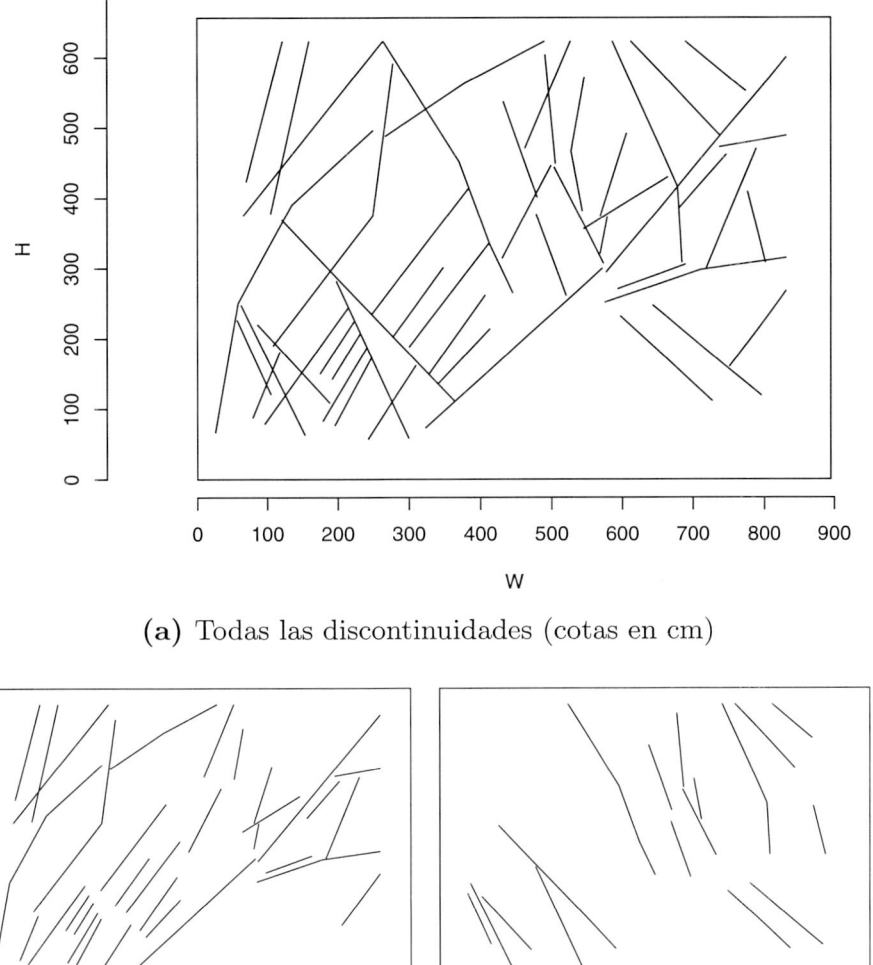

(a) Todas las discontinuidades (cotas en cm)

(b) Familia 1 ($\approx 310/74$)   (c) Familia 2 ($\approx 030/50$)

Figura 10.10: Ejemplo de mapa de trazas de discontinuidades empleado para la calibración del modelo de la red estocástica de discontinuidades

El Cuadro 10.3 presenta las estimaciones, mediante el algoritmo genético a partir del mapa de trazas de la Figura 10.10, para la intensidad volumétrica, P_{32}, y para el tamaño medio de las discontinuidades, μ_R.

Cuadro 10.3: Parámetros del mapa de trazas de discontinuidades empleado para calibrar la red estocástica de discontinuidades, y parámetros de la misma que se han estimado mediante el algoritmo genético

Parámetro	Familia 1 (310/74)	Familia 2 (030/50)
N_{total}	37	20
μ_{trazas}	1.60	1.62
σ_{trazas}	0.73	0.65
P_{32} [m^2/m^3]	3.62	0.64
μ [m]	1.30	1.35

10.5. Identificación de bloques desplazables

La admisibilidad cinética es necesaria para que se formen bloques desplazables que, si fallan, darían lugar a bloques inestables. Dada su importancia, el problema ha sido estudiado de forma profusa en la literatura [véanse, por ejemplo, Goodman, 1989; Hoek y Bray, 1977; Jiang *et al.*, 2013; Wittke, 1990].

En primer lugar se han empleado las técnicas basadas en la proyección estereográfica [Hoek y Bray, 1977] para identificar las familias de discontinuidades que pueden producir bloques desplazables. (Se considera la orientación representativa de su zona Oeste, en la que se han observado los mayores problemas de inestabilidad, la cual tiene una orientación media de 350/65 en formato «dirección de buzamiento»/«buzamiento»). Como se podía esperar de acuerdo con los "moldes" de bloques inestables observados en campo, dicho análisis confirmó que se producen bloques desplazables al combinarse las familias de discontinuidades 1 y 2 descritas en el Cuadro 10.2; el motivo es que su línea de intersección, I_{12}, aparece representada dentro de la zona de admisibilidad cinemática (*véase* la Figura 10.11). Además, se observó que, dado el cambio de orientación del talud al estar en curva, la formación de bloques desplazables en su zona Este sería menos probable.

Pero este análisis de admisibilidad cinemática, basado únicamente en la orientación de las familias de discontinuidades y en la orientación del talud de excavación, no informa sobre el número ni sobre el tamaño de los bloques desplazables que se forman, ya que también dependerán de la intensidad de

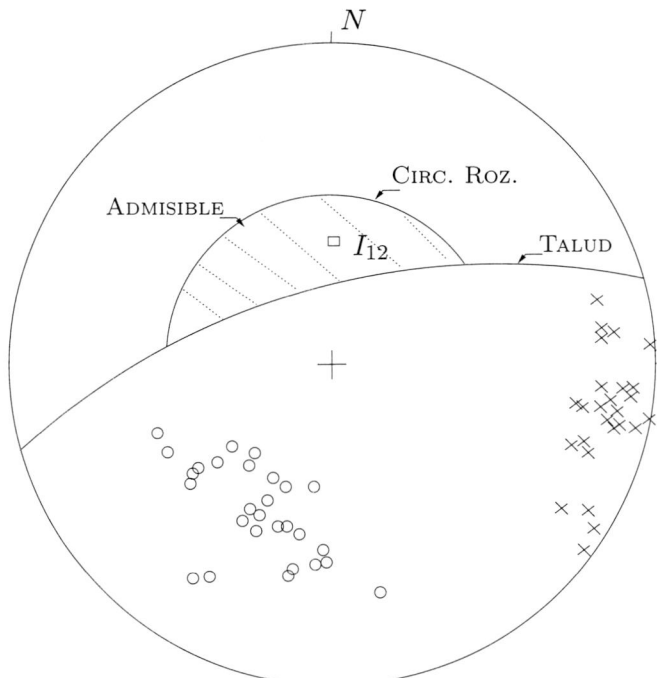

Figura 10.11: Análisis de admisibilidad cinemática para la zona Oeste del talud

fracturación y del tamaño de las discontinuidades. Para ello, a partir de la calibración realizada anteriormente, será necesario simular realizaciones de la red estocástica de discontinuidades y usar la teoría de bloques con los mapas de trazas que resultan para identificar los correspondientes bloques desplazables.

Estas simulaciones con el modelo estocástico de discos de Poisson permiten estimar la "probabilidad" —o «tasa» o «intensidad», en la terminología matemática del proceso de Poisson involucrado— de formación de bloques desplazables de distintos tamaños en la zona Oeste del talud estudiado. Así, se considera un talud de $H = 23$ m de altura, con orientación 350/65, y cuya superficie superior tiene orientación 350/20. (Ambas expresadas en formato «dirección de buzamiento»/«buzamiento»). Se consideran también las orientaciones de las familias de discontinuidades que forman los bloques desplazables (e inestables) observados en campo, así como los parámetros del modelo calibrado mediante el algoritmo genético de la Sección 10.4.2.

La Figura 10.12 muestra un ejemplo de los resultados: la Figura 10.12(a) muestra el mapa de las trazas de todas las discontinuidades, simuladas mediante el modelo de discos de Poisson, que intesectan al talud; la Figura 10.12(b) muestra aquellas trazas que pueden formar bloques desplazables; y la Figura 10.12(c) muestra los bloques desplazables identificados en esta realización.

Una vez identificados los bloques desplazables de distintos tamaños, puede calcularse su probabilidad relativa de formación a lo largo de la excavación. Así, considerando cinco intervalos de tamaños de bloque y la longitud de talud considerada en las simulaciones ($L = 100\,\text{m}$), se obtienen los resultados de la Figura 10.13. Puede observarse que los bloques desplazables de pequeño tamaño son significativamente más frecuentes que los de gran tamaño.

10.6. Probabilidad de fallo de bloques desplazables

El siguiente paso es calcular la probabilidad de fallo de los bloques desplazables identificados. Para ello, se cuenta con el modelo de estabilidad de bloques en cuña desarrollado por Low [1997] que se describe en la Sección 8.2.2; dicho modelo de estabilidad ha sido empleado para calcular la fiabilidad —mediante FORM y a partir de distribuciones estadísticas para caracterizar la información disponible sobre las variables de entrada del modelo (*véase* el Cuadro 10.4)— de los bloques de diversos tamaños frente a los cuatro modos de fallo (MF) definidos en el Capítulo 8: deslizamiento a lo largo de la línea de intersección de los dos planos que forman el bloque (MF 1); deslizamiento a lo largo del plano 1 únicamente (MF 2); deslizamiento a lo largo del plano 2 únicamente (MF 3); y un modo de fallo "por flotación" (MF 4). Para estimar los valores medios de los ángulos que representan las orientaciones de las discontinuidades se ha empleado la construcción gráfica descrita en la Figura 4 de Low [1997]; para estimar sus variabilidades, se ha considerado la variabilidad obtenida en el análisis estructural realizado con datos de campo. De modo similar, los parámetros «equivalentes» del modelo de resistencia de Mohr-Coulomb (cohesión y ángulo de fricción) se han estimado a partir de simulaciones realizadas con el modelo empírico de Barton de resistencia al corte de discontinuidades. (Por simplicidad, en todos los casos se ha considerado que las distribuciones son normales).

(a) Discontinuidades que intersectan al talud

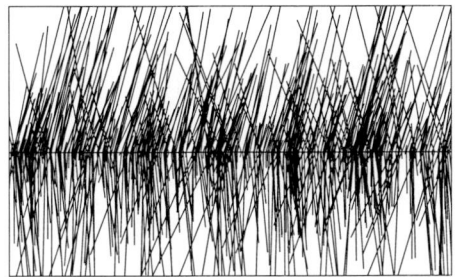

(b) Discontinuidades que pueden formar bloques desplazables

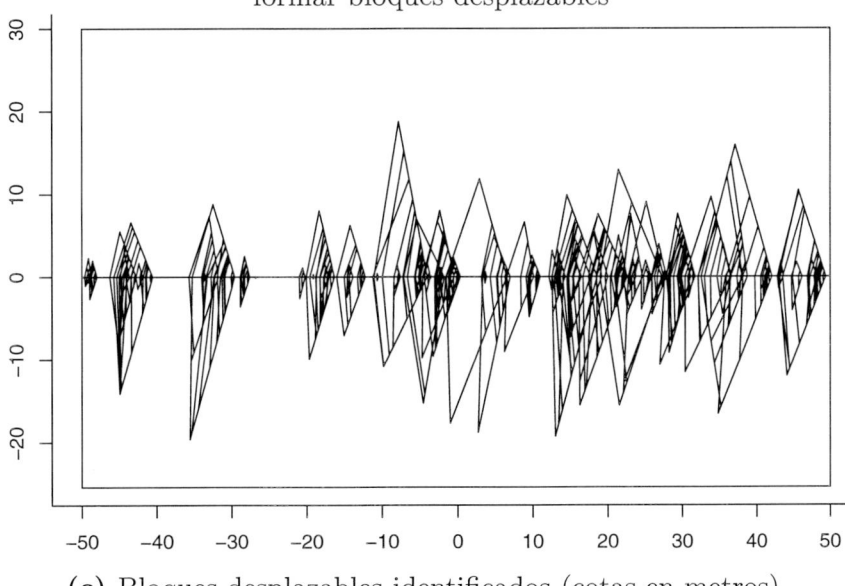

(c) Bloques desplazables identificados (cotas en metros)

Figura 10.12: Identificación de bloques desplazables para una realización

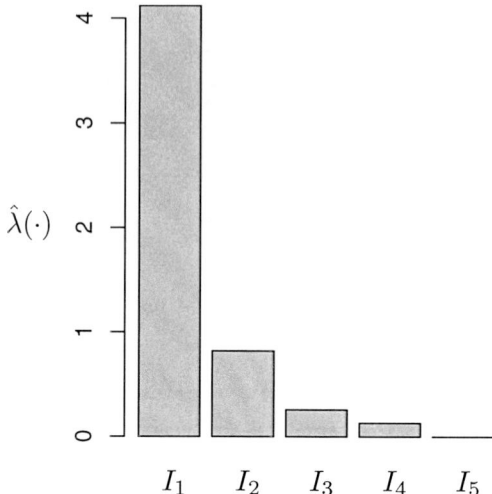

Figura 10.13: Formación de bloques desplazables de distintos tamaños identificados a lo largo del talud

Cuadro 10.4: Caracterización de los parámetros y variables de entrada al modelo de estabilidad de cuñas

α	Ω	h	γ_{rock}
[deg]	[deg]	[m]	[t/m^2]
65	20	Variable	2.8

(a) Parámetros deterministas

Variable	Tipo	μ	σ
β_1 [deg]	Normal	60	5
δ_1 [deg]	Normal	80	5
β_2 [deg]	Normal	40	5
δ_2 [deg]	Normal	55	5
G_w	Normal	0.15	0.02
$\tan \phi$	Normal	0.45	0.05
c [t/m^2]	Normal	2	0.3

(b) Variables aleatorias (consideradas independendientes)

Si analiza la fiabilidad para cada modo de fallo y para cada intervalo de tamaños de bloque considerado (*ver* Capítulo 7), se obtienen las probabilidades de fallo presentadas en la Figura 10.14: la Figura 10.14(a) muestra las probabilidades de fallo totales —obtenidas sumando las de los distintos modos de fallo, al tratarse de modos de fallo disjuntos— para bloques de distintos tamaños; y la Figura 10.14(b) muestra la contribución de cada modo de fallo considerado.

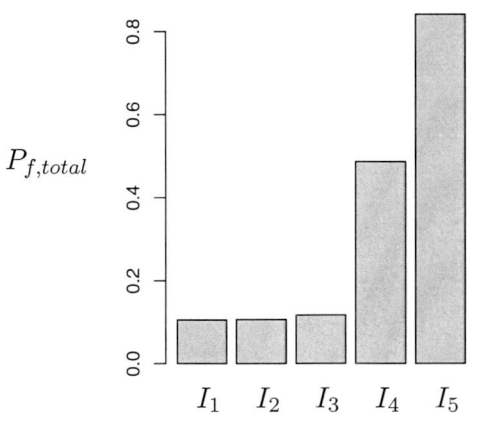
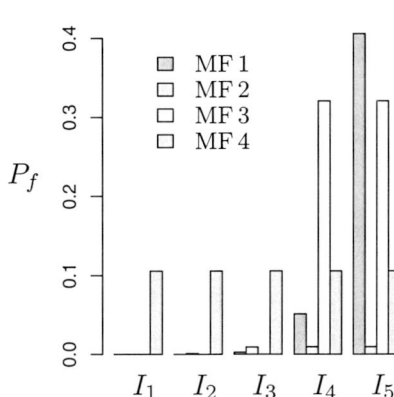

(a) Probabilidad de fallo total   (b) Probabilidad de los diversos modos de fallo

Figura 10.14: Probabilidad de fallo de bloques desplazables de distintos tamaños identificados a lo largo del talud

10.7. Formación de bloques inestables

Una vez estimadas tanto la probabilidad de formación de bloques desplazables de diversos tamaños, como sus probabilidades de fallo, pueden integrarse ambas para estimar la probabilidad de formación de bloques inestables (o bloques-clave). La Figura 10.15 muestra los resultados obtenidos para el ejemplo considerado. Se observa un cambio en las probabilidades resultantes para cada tamaño, de modo que los bloques de tamaños mayores toman más relevancia. (Ello es debido a la mayor probabilidad de fallo de los bloques de mayor tamaño; *véase* la Figura 10.15(b)). No obstante, de acuerdo con las observaciones de campo, no aparecen cuñas inestables de dimensiones realmente grandes (intervalo I_5), debido a que la formación de bloques desplazables de dicho tamaño es muy pequeña (*véase* la Figura 10.15(a)).

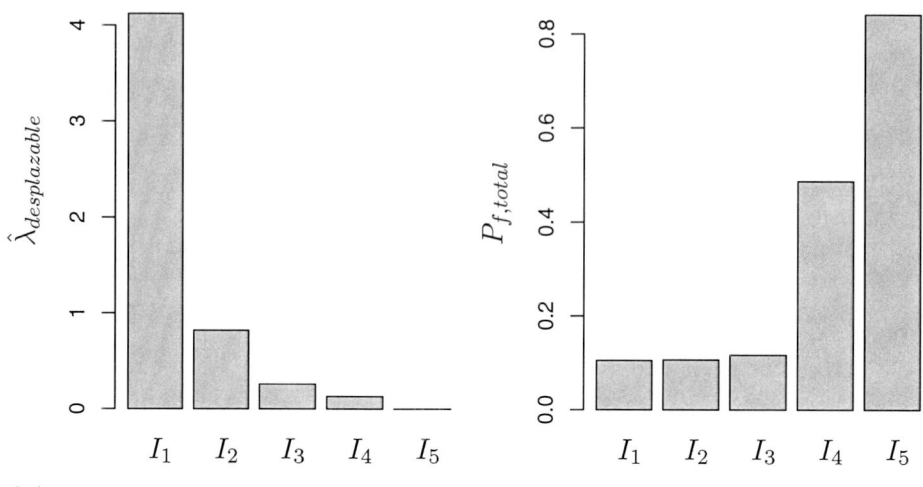

(a) Probabilidad de bloques despla- (b) Probabilidad de fallo de bloques
zables   desplazables

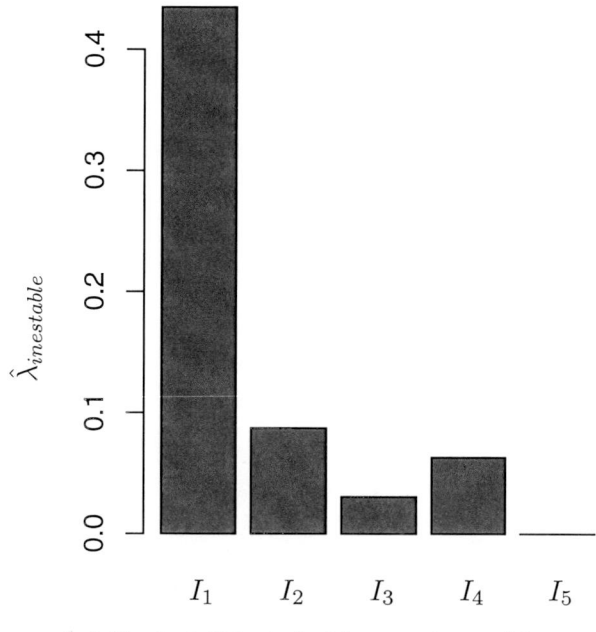

(c) Probabilidad de bloques inestables

Figura 10.15: Ilustración del método para el cálculo de la probabilidad relativa de formación de bloques inestables

Capítulo 11

Resumen y conclusiones

Este libro, que resume algunas de las investigaciones del autor durante los últimos años, presenta en primer lugar, una metodología para caracterizar la estructura de macizos rocosos discontinuos. También presenta metodologías para identificar, bajo condiciones de incertidumbre, bloques que tienen la capacidad de desplazarse hacia la excavación (*bloques desplazables*), así como para calcular su probabilidad de fallo. Finalmente, pueden integrarse ambos resultados para estimar la probabilidad de formación de bloques inestables (*bloques clave*) en taludes excavados en macizos rocosos con discontinuidades.

Más concretamente, la metodología propuesta consta de cuatro aspectos fundamentales: (i) caracterización del macizo rocoso; (ii) identificación de bloques desplazables y estimación de su probabilidad de formación; (iii) cálculo de la probabilidad de fallo de los bloques desplazables identificados; y, por último, (iv) estimación de la probabilidad de formación de bloques inestables mediante "integración" (en el sentido de consideración conjunta, no de integración numérica) de los resultados anteriores. Se presentan también ejemplos de aplicación de cada uno de los aspectos de la metodología y, en particular, se presenta el ejemplo de un talud real que presenta bloques inestables en forma de cuña.

Los aspectos y conclusiones más relevantes de cada apartado de la metodología se presentan a continuación.

Caracterización del macizo rocoso. Se presentan procedimientos para caracterizar la estructura de los macizos rocosos; a saber:

1. *Identificación de familias de discontinuidades:* se presenta un método para identificar familias de discontinuidades basadas en su orientación. Para ello, se propone un algoritmo basado en la técnica del agrupamiento espectral difuso desarrollada por el autor. El algoritmo permite calcular el grado de pertenencia de cada observación a cada familia de discontinuidades considerada, lo que es útil para estimar las incertidumbres de las asignaciones y también en aquellos casos en los que puedan existir otras propiedades (además de la orientación) asociadas a una familia determinada.

   El comportamiento del algoritmo se estudia aplicándolo a bases de datos de orientaciones de discontinuidades que son de referencia habitual en ingeniería de rocas. Los resultados muestran que el algoritmo presenta buenas capacidades para la identificación de las familias, y que los resultados obtenidos son al menos tan buenos como los obtenidos con otros métodos habituales. (No obstante, se han presentado también casos en los que el algoritmo propuesto se comporta significativamente mejor que las alternativas disponibles, lo que unido a su fácil implementación y a su rapidez lo convierten en una herramienta de interés).

2. *Estimación de los tamaños de discontinuidades:* se presenta también un método para estimar la distribución de longitudes de trazas de discontinuidades a partir de las observaciones (sesgadas) de las mismas que se realizan en afloramientos. (Dichas distribuciones pueden emplearse para estimar los tamaños de las discontinuidades mediante técnicas estereológicas). La metodología propuesta usa un novedoso modelo basado en la estadística gráfica probabilística, una nueva rama de la estadística con gran potencial para resolver problemas de inferencia, al permitir considerar de modo formal y eficiente las relaciones de dependencia e independencia estadística entre las variables del modelo. Así, se emplean distribuciones «objetivo» que combinan varias distribuciones más simples, lo que proporciona gran flexibilidad al proceso de inferencia.

La metodología se verifica mediante ejemplos que demuestran que (i) la capacidad de inferencia del método es buena, de modo que se obtiene una gran similitud entre la distribución «original» y la «objetivo», y (ii) que la convergencia del algoritmo es rápida.

3. *Estimación de parámetros de modelos estocásticos de discontinuidades:* por último, se presenta una metodología basada en la técnica de los algoritmos genéticos para estimar los parámetros de las redes estocásticas de discontinuidades. Los algoritmos genéticos permiten codificar el problema de optimización mediante individuos cuyos «cromosomas», después de una generación aleatoria inicial, irán evolucionando a lo largo de las sucesivas generaciones —al verse sometidos a las operaciones de selección, cruce, y mutación que reproducen a las de los organismos vivos en la naturaleza— mejorando su "calidad" como soluciones.

    Se desarrollan ejemplos de aplicación en casos en los que se conocen los parámetros originales, lo que permite estimar las capacidades de inferencia del método. Los resultados muestran que el método de los algoritmos genéticos puede emplearse para calibrar redes estocásticas de discontinuidades, y que el rango de error obtenido en los parámetros calibrados es asumible en la práctica habitual de la ingeniería de rocas.

Identificación de bloques desplazables. En este caso, las conclusiones más importantes para cada aspecto de este punto son:

1. *Simulación de discontinuidades e identificación de bloques desplazables:* se presenta una metodología para estudiar la formación de bloques desplazables en excavaciones en roca. El modelo de discos de Poisson se emplea para generar, mediante simulaciones de Monte Carlo, las discontinuidades del macizo. A continuación, y a partir de la intersección de dichas discontinuidades con los planos de la excavación, se desarrollan mapas de trazas de discontinuidades que permiten identificar los bloques desplazables mediante la teoría de bloques. (Se emplea una modificación de los algoritmos de la teoría de

bloques, desarrollada por el autor, que permite obtener una ventaja computacional de las particularidades del problema de formación de bloques en forma de cuña). Asimismo, se muestra que la formación de bloques desplazables puede representarse mediante un proceso de Poisson, lo que permite el análisis estadístico con regresiones de tipo Poisson, tal y como se describe a continuación.

2. *Influencia de los parámetros en la formación de bloques:* se emplea una extensa base de datos, desarrollada por el autor, que permite el análisis estadístico mediante regresión de tipo Poisson. Con ello se desarrolla un modelo predictivo de la formación de bloques desplazables de distintos tamaños, lo que permite analizar la influencia de los distintos parámetros del modelo estocástico de discontinuidades en la formación de bloques desplazables.

   Los resultados muestran que la probabilidad de formación de bloques desplazables varía significativamente en función del tamaño de los mismos, de modo que los bloques de tamaño más pequeño suelen ser más frecuentes. También muestran que la intensidad volumétrica de discontinuidades es el parámetro del modelo estocástico de discontinuidades con mayor influencia en la formación de bloques desplazables, y que el tamaño medio de las discontinuidades también influeye; mientras que la variabilidad de la orientación de las discontinuidades, o la variabilidad de sus tamaños, tiene un efecto mucho menor.

Probabilidad de fallo de bloques desplazables. Se presenta también una metodología para analizar la estabilidad, bajo condiciones de incertidumbre, de los bloques desplazables identificados. Para ello, se consideran los aspectos de sistema del problema de fiabilidad que resulta de modelizar la estabilidad del bloque desplazable mediante subsistemas paralelos disjuntos que representan sus diversos modos de fallo.

Para mostrar las capacidades de la metodología, así como las diversas alternativas de solución, se presentan ejemplos de cálculo de la fiabilidad de bloques. La solución "exacta" puede calcularse mediante simulaciones de Monte Carlo; y también puede aproximarse (en primer orden) a partir de la información obtenida con FORM las funciones de estado límite que componen el sistema. Asimismo, puede acotarse la probabilidad de fallo del sistema mediante programación lineal.

Finalmente, se muestra cómo puede obtenerse información sobre la importancia relativa de los diversos modos de fallo, lo que proporciona información relevante para el proyecto. Además, se muestra que el procedimiento propuesto sirve para cuantificar la sensibilidad de los resultados de fiabilidad a variaciones en las variables de entrada, lo cual puede resultar de utilidad para diseñar los programas de caracterización geológico-geotécnica del terreno de una manera más eficiente.

Integración de resultados. Por último, se muestra que la metodología permite 'integrar' la probabilidad de formación de bloques desplazables de distintos tamaños y su probabilidad de fallo, proporcionando la probabilidad de formación de bloques inestables. Asimismo, se justifica que dicha integración puede realizarse al tratarse de un proceso estocástico de selección aleatoria (el fallo o no de un bloque determinado), dentro de una serie de eventos (la formación de bloques) que ocurren según un proceso de tipo Poisson.

En este sentido, se presenta un caso concreto de análisis a partir de los datos tomados en un talud real, y se muestra cómo dicha integración puede afectar significativamente a la formación de bloques inestables de distintos tamaños. En particular, se demuestra que aumenta significativamente la probabilidad de fallo de los bloques de gran tamaño con respecto a los bloques de menor tamaño. Dichos resultados resaltan la importancia de considerar (i) las probabilidades de formación de los bloques desplazables y (ii) sus probabilidades de fallo para predecir —en un contexto de incertidumbre y de un modo integrado— la probabilidad de formación de bloques inestables que se forman al excavar taludes en macizos rocosos discontinuos.

Referencias

Ambartzumian, R., Der Kiureghian, A., Ohanian, V. y Sukiasian, H. (1998). Multinormal probability by sequential conditioned importance sampling: theory and application, *Probabilistic Engineering Mechanics* **13**(4): 299–308.

Ambartzumian, R. V., DerKiureghian, A., Oganian, V. K., Sukiasian, H. S. y Aramian, R. H. (1996). Poisson random planes model in tunnel building, *Izvestiya Natsionalnoi Akademii Nauk Armenii. Matematika* **31**(2): 1–20.

Ang, A. H.-S. y Tang, W. H. (1975a). *Probability concepts in engineering planning and design*, John Wiley & Sons, New York.

Ang, A. S. y Tang, W. (1975b). *Probability concepts in engineering planning and desigh. Volume I: Basic principles*, John Wiley & Sons, Inc., New York.

Azañón, J. M., Galindo-Zaldívar, J., García-Dueñas, V. y Jabaloy, A. (2002). *The geology of Spain*, Geological Society, London, chapter Alpine Tectonics II: Betic Cordillera and Balearic Islands.

Baecher, G. B., Einstein, H. H. y Lanney, N. A. (1977). Statistical description of rock properties and sampling, *in* F. D. Wang y G. B. Clark (eds), *Energy resources and excavation technology; proceedings, 18th U. S. symposium on rock mechanics*, Colo. Sch. Mines Press, Golden, pp. 5C1.1–5C1.8.

Baecher, G. B. y Christian, J. T. (2008). *Reliability-based design in geotechnical engineering: computations and applications*, Taylor & Francis, New York, chapter Spatial variability and geotechnical reliability.

Baecher, G. y Christian, J. T. (2003). *Reliability and statistics in geotechnical engineering*, John Wiley & Sons Ltd., Chichester, England.

Balaban, I. J. (1995). An optimal algorithm for finding segment intersections, *Proceedings of the Eleventh Annual Symposium on Computational Geometry, Vancouver, Canada, June 5-7*, pp. 211–219.

Barthelemy, J.-F., Guiton, M. L. E. y Daniel, J.-M. (2009). Estimates of fracture density and uncertainties from well data, *International journal of rock mechanics and mining sciences* **46**(3): 590–603.

Barton, C. y Larsen, E. (1985). Fractal geometry of two-dimensional fracture networks at Yucca Mountain, Southwestern Nevada, *in* O. Stephansson (ed.), *Proceedings of the International Symposium on Fundamentals of Rock Joints*, Centek, Lulea, Sweden, pp. 77–84.

Barton, N. (2000). *TBM Tunnelling in Jointed and Faulted Rock*, A. A. Balkema, Rotterdam.

Bjerager, P. (1988). Probability integration by directional simulation, *Journal of Engineering Mechanics* **114**(8): 1285–1302.

Bjerager, P. (1990). On computation methods for structural reliability analysis, *Structural Safety* **9**: 79–96.

Boadu, F. K. y Long, L. T. (1994). The fractal character of fracture spacing and rqd, *International Journal of Rock Mechanics and Mining Sciences & Geomechanics Abstracts* **31**(2): 127–134.

Bonnet, E., Bour, O., Odling, N., Davy, P., Main, I., Cowie, P. y Berkowitz, B. (2001). Scaling of fracture systems in geological media, *Reviews of Geophysics* **39**(3): 347–383.

Breitung, K. (1984). Asymptotic approximations for multinormal integrals., *Journal Engineering Mechanics-ASCE* **110**(3): 357–366.

Casagrande, A. (1965). Role of the 'calculated risk' in earthwork and foundation engineering, *Journal of the Soil Mechanics Division* **91**(SM4): 1.

Chan, L.-Y. (1987). *Application of block theory and simulation techniques to optimum design of rock excavations*, PhD thesis, University of California, Berkeley.

Chan, L.-Y. y Goodman, R. E. (1987). Predicting the number of dimensions of key blocks of an excavation using block theory and joint statistics, *in* I. W. Farmer, J. J. K. Daemen, C. S. Desai, C. E. Glass y S. P. Neuman (eds), *Rock mechanics; proceedings of the 28th U.S. symposium*, A.A. Balkema, Rotterdam, pp. 81–87.

Chazelle, B. y Edelsbrunner, H. (1992). An optimal algorithm for intersecting line segments in the plane, *J. ACM* **39**(1): 1–54.

Chowdhury, R.Ñ. y Xu, D. W. (1995). Geotechnical system reliability of slopes, *Reliability Engineering & System Safety* **47**(3): 141–151.

Christian, J. T., Ladd, C. C. y Baecher, G. B. (1994). Reliability applied to slope stability analysis, *Journal of Geotechnical Engineering* **12**(120): 2180–2207.

Christian, J. T. y Baecher, G. B. (2002). The point-estimate method with large numbers of variables, *International Journal for Numerical and Analytical Methods in Geomechanics* **26**(15): 1515–1529.

Cui, L. J. y Sheng, D. C. (2005). Genetic algorithms in probabilistic finite element analysis of geotechnical problems, *Computers and Geotechnics* **32**: 555–563.

Darcel, C., Davy, P., Bour, O. y de Dreuzy, J.-R. (2004). Alternative DFN model based on initial site investigacions at Simpevarp, *Technical Report SKB Rapport R-04-76*, The Swedish Nuclear Fuel and Waste Management Co., Stockholm, Sweden. [Also available at http://www.skb.se/upload/ publications/pdf/R-04-76webb.pdf].

Dempster, A. P., Laird, N. M. y Rubin, D. B. (1977). Maximum likelihood from incomplete data via the EM algorithm, *Journal of the Royal Statistical Society (B)* **39**(1): 1–38.

Der Kiureghian, A. (1989). Measures of structural safety under imperfect states of knowledge, *Journal of Structural Engineering* **115**(5): 1119–1140.

Der Kiureghian, A. (1999). Introduction to structural reliability, Class Notes for "CE229 – Structural Reliability". Department of Civil Engineering. University of California, Berkeley.

Der Kiureghian, A. y Ditlevsen, O. (2009). Aleatory or epistemic? Does it matter?, *Structural Safety* **31**: 105–112.

Dershowitz, W. S. y Einstein, H. H. (1988). Characterizing rock joint geometry with joint system models, *Rock Mechanics and Rock Engineering* **21**(1): 21–51.

Dershowitz, W. S. y Herda, H. H. (1992). Interpretation of fracture spacing and intensity, *in* J. R. Tillerson y W. R. Wawersik (eds), *Rock mechanics; Proceedings of the 33rd U.S. symposium Rock mechanics*, A.A. Balkema, Rotterdam, pp. 757–766.

Ditlevsen, O. (1979a). Generalized second moment reliability index, *Journal of Structural Mechanics* **7**(4): 435–451.

Ditlevsen, O. (1979b). Narrow reliability bounds for structural systems, *Journal of Structural Mechanics* **7**(4): 453–472.

Ditlevsen, O. y Madsen, H. (1996). *Structural Reliability Methods*, John Wiley & Sons, Chichester.

dos Santos, S. R., Matioli, L. C. y Beck, A. T. (2008). New optimization algorithms for structural reliability analysis, *Computer Modeling in Engineering and Science* **83**: 23–56.

Dowd, P. A., Martin, J. A., Xu, C., Fowell, R. J. y Mardia, K. V. (2009). A three-dimensional fracture network dataset for a block of granite, *International journal of rock mechanics and mining sciences* **46**(5): 811–818.

Dowd, P. A., Xu, C., Mardia, K. V. y Fowell, R. J. (2007). A comparison of methods for the stochastic simulation of rock fractures, *Mathematical geology* **39**(7): 697–714.

Duncan, J. M. (2000). Factors of safety and reliability in geotechnical engineering, *Journal of Geotechnical and Geoenvironmental Engineering* **126**(4): 307–316.

Duzgun, H. S. B. y Bhasin, R. K. (2009). Probabilistic Stability Evaluation of Oppstadhornet Rock Slope, Norway, *Rock mechanics and rock engineering* **42**(5): 729–749.

Duzgun, H. S. B., Yucemen, M. S. y Karpuz, C. (2003). A methodology for reliability-based design of rock slopes, *Rock Mechanics Rock Engineering* **36**(2): 95–120.

Ehlen, J. (2000). Fractal analysis of joint patterns in granite, *International Journal of Rock Mechanics and Mining Sciences* **37**(6): 909–922.

Einstein, H. H. (1993). Modern developments in discontinuity analysis — the persistence-discontinuity problem, *in* J. A. Hudson (ed.), *Comprehensive rock engineering*, Vol. 3 - Rock testing and site characterization, Pergamon Press, New York, pp. 215–239.

Einstein, H. H. (1996). Risk and risk analysis in rock engineering, *Tunnelling and Underground Space Technology* **11**(2): 141–155.

Fahd, A. y Jiménez, R. (2008). A genetic algorithm for identification of slip surfaces with minimum reliability, *Proceedings of the 12th International Conference on Computer Methods and Advances in Geomechanics (IACMAG-2008)*, pp. 1612–1618.

Feng, X. y Jiménez, R. (2014). Bayesian prediction of elastic modulus of intact rocks using their uniaxial compressive strength, *Engineering Geology* **173**: 32–40. ISSN: 0013-7952; DOI: 10.1016/j.enggeo.2014.02.005.

Fisher, N. I., Lewis, T. y Embleton, B. J. J. (1987). *Statistical analysis of spherical data*, Cambridge University Press, Cambridge.

Fisher, N. I., Lewis, T. y Willcox, M. E. (1981). Tests of Discordancy for Samples from Fisher's Distribution on the Sphere, *Applied Statistics* **30**(3): 230–237.

Gardoni, P., Der Kiureghian, A. y Mosalam, K. (2002). Probabilistic capacity models and fragility estimates for reinforced concrete columns based on experimental observations, *Journal of Engineering Mechanics (ASCE)* **128**(10): 1024–1038.

Goldberg, D. E. (1989). *Genetic Algorithm in Search, Optimization, and Machine Learning*, Addison-Wesley, Reading, MA.

Goodman, R. (2001). Investigations of blocks in the foundations and abutments of concrete dams, *Felsbau* **19**(5): 43–54.

Goodman, R. E. (1976). *Methods of geological engineering in discontinuous rocks*, West Publishing Co., St. Paul.

Goodman, R. E. (1989). *Introduction to rock mechanics*, 2nd edn, Wiley, New York.

Goodman, R. E. (1995). Block theory and its application, *Geotechnique* **45**(3): 383–422.

Goodman, R. E. y Kieffer, D. S. (2000). Behavior of rock in slopes, *Journal of Geotechnical and Geoenvironmental Engineering, ASCE* **126**(8): 675–684.

Goodman, R. E. y Shi, G. (1985). *Block theory and its application to rock engineering*, Prentice-Hall international series in civil engineering and engineering mechanics, Prentice-Hall, Englewood Cliffs, N.J.

Guan, Z., Jiang, Y. y Tanabashi, Y. (2009). Rheological parameter estimation for the prediction of long-term deformations in conventional tunnelling, *Tunnelling and Underground Space Technology* **24**(3): 250–259.

Gupta, A. K. y Adler, P. M. (2006). Stereological analysis of fracture networks along cylindrical galleries, *Mathematical geology* **38**(3): 233–267.

Hamed, M. y Bedient, P. (1999). Reliability-based uncertainty analysis of groundwater contaminant transport and remediation, *Cooperative agreement cr-821906*, National Risk Management Research Laboratory. Office of Research and Development. U.S. Environmental Protection Agency, Cincinnati, OH 45268.

Hammah, R. E. y Curran, J. H. (1998). Fuzzy cluster algorithm for the automatic identification of joint sets, *International Journal of Rock Mechanics and Mining Sciences* **35**(7): 889–905.

Hammah, R. E. y Curran, J. H. (1999). On distance measures for the fuzzy K-means algorithm for joint data, *Rock Mechanics and Rock Engineering* **32**(1): 1–27.

Harrison, J. P. (1992). Fuzzy objective functions applied to the analysis of discontinuity orientation data, *in* J. A. Hudson (ed.), *Rock characterization: Proceedings of ISRM symposium, Eurock'92*, British Geotechnical Society, Thomas Telford, London.

Hatzor, Y. (1992). *Validation of block theory using field case histories*, PhD thesis, University of California, Berkeley.

Hatzor, Y. (1993). Block failure likelihood: a contribution to rock engineering in blocky rock masses, *International Journal of Rock Mechanics and Mining Sciences & Geomechanics Abstracts* **30**(7): 1591–1597.

Hatzor, Y. H. y Goodman, R. E. (1997). Three-dimensional back-analysis of saturated rock slopes in discontinuous rock—a case study, *Géotechnique* **47**(4): 817–839.

Hatzor, Y. y Feintuch, A. (2005). The joint intersection probability, *International Journal of Rock Mechanics and Mining Sciences* **42**(4): 531–541.

Hatzor, Y. y Goodman, R. E. (1993). Determination of the "design block" for tunnel supports in highly jointed rock, *in* C. Fairhurst y J. A. Hudson (eds), *Comprehensive rock engineering; principles, practice & projects*, Pergamon Press, Oxford, pp. 263–292.

Henry, E., Marcotte, D. y Kavanagh, P. (2001). Classification of non-oriented fractures along boreholes to joint sets and its success degree, *Rock Mechanics and Rock Engineering* **34**(4): 257–273.

Herda, H. H. W., Einstein, H. H. y Dershowitz, W. S. (1991). Problems with representation of rock fracture clusters, *Journal of Geotechnical Engineering* **117**(11): 1754–1771.

Hoek, E. (2000). *Practical Rock Engineering*, World Wide Web edn, `http://www.rocscience.com/hoek/PracticalRockEngineering.asp`.

Hoek, E., Kaiser, P. K. y Bawden, W. F. (1995). *Support of underground excavations in hard rock*, A.A. Balkema, Rotterdam.

Hoek, E. y Bray, J. (1977). *Rock slope engineering*, revised 2nd edn, Institution of Mining and Metallurgy, London.

Hoek, E. y Bray, J. (1981). *Rock slope engineering*, rev. 3rd edn, Institution of Mining and Metallurgy, London.

Hoerger, S. F. y Young, D. S. (1990a). Probabilistic analysis of keyblock failures, *in* H. P. Rossmanith (ed.), *Mechanics of jointed and faulted rock; proceedings of the international conference*, A. A. Balkema, Rotterdam, pp. 503–508.

Hoerger, S. F. y Young, D. S. (1990b). Probabilistic prediction of keyblock occurrences, *in* W. A. Hustrulid y G. A. Johnson (eds), *Rock mechanics; contributions and challenges; proceedings of the 31st U.S. symposium*, A.A. Balkema, Rotterdam, pp. 229–236.

Hohenbichler, M. y Rackwitz, R. (1988). Improvement of second-order reliability estimates by importance sampling, *Journal of Engineering Mechanics* **114**(12): 2195–2199.

Honjo, Y. (2008). *Reliability-based design in geotechnical engineering: computations and applications*, Taylor & Francis, New York, chapter Monte Carlo simulation in reliability analysis.

Hudson, J. A. (1992). *Rock engineering systems: Theory and practice*, Ellis Horwood series in civil engineering. Geotechnics, Ellis Horwood, New York.

Hudson, J. A. y Harrison, J. P. (1997). *Engineering rock mechanics: an introduction to the principles*, 1st edn, Pergamon, Tarrytown, NY.

Hudson, J. A. y Priest, S. D. (1979). Discontinuities and rock mass geometry, *International Journal of Rock Mechanics and Mining Sciences & Geomechanics Abstracts* **16**(6): 339–362.

IGME (1978). Mapa geológico de España — E. 1:50,000 (Marbella), *Technical report*, Instituto Geologico y Minero de España. Servicio de Publicaciones. Ministerio de Industria, Madrid.

ISRM (1978). Suggested methods for the quantitative description of discontinuities in rock masses, *International Journal of Rock Mechanics and Mining Sciences & Geomechanics Abstracts* **15**(6): 319–368.

Jiang, Q., Liu, X., Wei, W. y Zhou, C. (2013). A new method for analyzing the stability of rock wedges, *International Journal of Rock Mechanics and Mining Sciences* **60**: 413–422.

Jiménez, R. (2008). Fuzzy spectral clustering for identification of rock discontinuity sets, *Rock Mechanics and Rock Engineering* **41**(6): 929–939. ISSN: 0723–2632. DOI:10.1007/s00603-007-0155-6.

Jiménez, R. y Jurado-Piña, R. (2012). A simple genetic algorithm for calibration of stochastic rock discontinuity networks, *Rock Mechanics and Rock Engineering* **45**(4): 461–473. ISSN: 0723–2632; DOI: 10.1007/s00603-012-0226-1.

Jiménez, R. y Sitar, N. (2009). The importance of distribution types on finite element analyses of foundation settlement, *Computers and Geotechnics* **36**(3): 474–483. ISSN: 0266-352X; DOI: 10.1016/j.compgeo.2008.05.003.

Jiménez-Rodríguez, R. (2004). *Probabilistic identification of keyblocks in rock excavations*, PhD thesis, University of California, Berkeley.

Jiménez-Rodríguez, R., Sitar, N. y Bartlett, P. L. (2005). Maximum likelihood estimation of trace length distribution parameters using the EM algorithm, *in* G. Barla y M. Barla (eds), *Prediction, Analysis and Design in Geomechanical Applications: Proceedings of the Eleventh International Conference on Computer Methods and Advances in Geomechanics (IACMAG-2005)*, Vol. 1, Pàtron Editore, Bologna, pp. 619–626.

Jiménez-Rodríguez, R., Sitar, N. y Chacón, J. (2006). System reliability approach to rock slope stability, *International Journal of Rock Mechanics and Mining Sciences* **43**(6): 847–859. ISSN: 1365–1609; DOI: 10.1016/j.ijrmms.2005.11.011.

Jiménez-Rodríguez, R. y Sitar, N. (2003). Probabilistic identification of unstable blocks in rock excavations, *in* A. der Kiureguian, S. Madanat y J. M. Pestana (eds), *Application of Statistics and Probability in Civil Engineering*, Vol. 2, Millpress, Rotterdam, pp. 1301–1308. ISBN: 90-5966-004-8 (complete), ISBN: 90-5966-006-4 (vol 2).

Jiménez-Rodríguez, R. y Sitar, N. (2006a). Inference of discontinuity trace length distributions using statistical graphical models, *International Journal of Rock Mechanics and Mining Sciences* **43**(6): 877–893. ISSN: 1365–1609; DOI: 10.1016/j.ijrmms.2005.12.008.

Jiménez-Rodríguez, R. y Sitar, N. (2006b). A spectral method for clustering of rock discontinuity sets, *International Journal of Rock Mechanics and Mining Sciences* **43**(7): 1052–1061. ISSN: 1365–1609; 10.1016/j.ijrmms.2006.02.003.

Jiménez-Rodríguez, R. y Sitar, N. (2007). Rock wedge stability analysis using system reliability methods, *Rock Mechanics and Rock Engineering* **40**(4): 419–427. ISSN: 0723–2632. DOI: 10.1007/s00603-005-0088-x.

Jiménez-Rodríguez, R. y Sitar, N. (2008). Influence of stochastic discontinuity network parameters on the formation of removable blocks in rock slopes, *Rock Mechanics and Rock Engineering* **41**(4): 563–585. ISSN: 0723–2632; DOI 10.1007/s00603-006-0124-5.

Jiménez-Rodríguez, R. (2001). *Los Métodos de Fiabilidad en la Ingeniería de Rocas: Aplicación a la Estabilidad de Taludes*, Series Monográficas del Grupo de Puertos y Costas, Departamento de Ingeniería Civil, Universidad de Granada. 71pp. ISBN: 84-699-6834-3.

Jordan, M. I. (2003). An introduction to probabilistic graphical models, (unpublished manuscript). Department of Statistics. University of California, Berkeley.

Juang, C. H., Jhi, Y.-Y. y Lee, D.-H. (1998). Stability analysis of existing slopes considering uncertainty, *Engineering Geology* (49): 111–122.

Jurado-Piña, R. y Jiménez, R. (2014). A genetic algorithm for slope stability analyses with concave slip surfaces using custom operators, *Engineering Optimization*. ISSN: 0305-215X (Print), 1029-0273 (Online); DOI 10.1080/0305215X.2014.895339.

Kalamaras, G. S. (1996). A probabilistic approach to rock engineering design: Application to tunnelling, *Milestones in Rock Engineering*, 1st edn, The Bieniawski Jubilee Collection, A.A. Balkema, Rotterdam, pp. 113–136,.

Karzulovic, A. L. (1988). *The use of keyblock theory in the design of linings and supports for tunnels*, PhD thesis, University of California, Berkeley.

Kounias, E. G. (1968). Bounds for the probability of a union, with applications, *Annals of Mathematical Statistics* **39**(6): 2154–2158.

Kulatilake, P., Fiedler, R. y Panda, B. B. (1997). Box fractal dimension as a measure of statistical homogeneity of jointed rock masses, *Engineering Geology* **48**(3-4): 217–229.

Kulatilake, P. H. S. W., Wathugala, D.Ñ. y Stephansson, O. (1993). Stochastic three dimensional joint size, intensity and system modelling and a validation to an area in Stripa Mine, Sweden, *Soils and Foundations* **33**(1): 55–70.

Kulatilake, P. H. S. W. y Wu, T. H. (1984a). Estimation of mean trace length of discontinuities, *Rock Mechanics and Rock Engineering* **17**(4): 243–253.

Kulatilake, P. H. S. W. y Wu, T. H. (1984b). Sampling bias on orientation of discontinuities, *Rock Mechanics and Rock Engineering* **17**(4): 215–232.

Kuszmaul, J. S. (1999). Estimating keyblock sizes in underground excavations: accounting for joint set spacing, *International Journal of Rock Mechanics and Mining Sciences* **36**(2): 217–232.

La Pointe, P. R. (1993). Pattern analysis and simulation of joints for rock engineering, *in* J. A. Hudson (ed.), *Comprehensive rock engineering*, Vol. 3 - Rock testing and site characterization, Pergamon Press, Oxford, pp. 215–239.

La Pointe, P. R. (2002). Derivation of parent fracture population statistics from trace length measurements of fractal fracture populations, *International Journal of Rock Mechanics & Mining Sciences* **39**: 381–388.

La Pointe, P. R., Wallmann, P. C. y Dershowitz, W. S. (1993). Stochastic estimation of fracture size through simulated sampling, *International Journal of Rock Mechanics and Mining Sciences & Geomechanics Abstracts* **30**(7): 1611–1617.

Laslett, G. M. (1982). Censoring and edge effects in areal and line transect sampling of rock joint traces, *Journal of the International Association for Mathematical Geology* **14**(7): 125–140.

Lee, J. S., Veneziano, D. y Einstein, H. H. (1990). Hierarchical fracture trace model, *in* W. A. Hustrulid y G. A. Johnson (eds), *Rock mechanics; contributions and challenges; proceedings of the 31st U.S. symposium*, A.A. Balkema, Rotterdam, pp. 261–268.

Lemy, F. y Hadjigeorgiou, J. (2003). Discontinuity trace map construction using photographs of rock exposures, *International Journal of Rock Mechanics and Mining Sciences* **40**(6): 903–917.

Li, D., Zhou, C., Lu, W. y Jiang, Q. (2009). A system reliability approach for evaluating stability of rock wedges with correlated failure modes, *Computers and geotechnics* **36**(8): 1298–1307.

Liu, P.-L., Lin, H.-Z. y Der Kiureghian, A. (1989). *CALREL user manual*, Structural Engineering, Mechanics and Materials. Department of Civil Engineering. University of California at Berkeley.

Liu, P. L. y Der Kiureghian, A. (1991). Optimization algorithms for structural reliability, *Structural Safety* **9**: 161–177.

Low, B. K. (1997). Reliability analysis of rock wedges, *Journal of Geotechnical and Geoenvironmental Engineering* **123**(6): 498–505.

Low, B. K. (2008). Efficient probabilistic algorithm illustrated for a rock slope, *Rock Mechanics and Rock Engineering* **41**(5): 715–734.

Low, B. K., Gilbert, R. B. y Wright, S. G. (1998). Slope reliability analysis using generalized method of slices, *Journal of Geotechnical and Geoenvironmental Engineering* **124**(4): 350–362.

Lyman, G. J. (2003a). Rock fracture mean trace length estimation and confidence interval calculation using maximum likelihood methods, *International Journal of Rock Mechanics and Mining Sciences* **40**: 825–832.

Lyman, G. J. (2003b). Stereological and other methods applied to rock joint size estimation—does Crofton's theorem apply?, *Mathematical Geology* **35**(1): 9–23.

Mahtab, M. A. y Yegulalp, T. M. (1982). A rejection criterion for definition of clusters in orientation data, *in* R. E. Goodman y F. E. Heuze (eds), *Proceedings 22nd U.S. Symposium Rock Mechanics*, Soc. Min. Eng. Am. Inst. Min. Metall. Petrol. Eng., pp. 116–123.

Mardia, K. V., Nyirongo, V. B., Walder, A.Ñ., Xu, C., Dowd, P. A., Fowell, R. J. y Kent, J. T. (2007). Markov chain Monte Carlo implementation of rock fracture modelling, *Mathematical geology* **39**(4): 355–381.

Mauldon, M. (1992). Relative probabilities of joint intersections, *in* J. R. Tillerson y W. R. Wawersik (eds), *Rock mechanics; Proceedings of the 33rd U.S. symposium*, A.A. Balkema, Rotterdam, pp. 767–774.

Mauldon, M. (1994). Intersection probabilities of impersistent joints, *International Journal of Rock Mechanics and Mining Sciences & Geomechanics Abstracts* **31**(2): 107–115.

Mauldon, M. (1995). Keyblock probabilities and size distributions — a first model for impersistent 2-d fractures, *International Journal of Rock Mechanics and Mining Sciences & Geomechanics Abstracts* **32**(6): 575–583.

Mauldon, M. (1998). Estimating mean fracture trace length and density from observations in convex windows, *Rock Mechanics and Rock Engineering* **31**(4): 201–216.

McCullagh, P. y Lang, P. (1984). Stochastic models for rock instability in tunnels, *Journal of the Royal Statistical Society. Series B: Methodological* **46**(2): 344–352.

McCullagh, P. y Nelder, J. A. (1989). *Generalized Linear Models*, 2nd edn, Chapman & Hall/CRC, Boca Raton, Florida.

Meyer, T. y Einstein, H. H. (2002). Geologic stochastic modeling and connectivity assessment of fracture systems in the Boston area, *Rock Mechanics and Rock Engineering* **35**(1): 23–44.

Ministerio de Fomento (ed.) (2002). *Guía de Cimentaciones en Obras de Carreteras*, Serie Monografías, Dirección General de Carreteras, Madrid.

Mitchell, M. (1996). *An Introduction to Genetic Algorithms*, MIT-Press, Cambridge.

Munier, R. (2004). Statistical analysis of fracture data, adapted for modelling discrete fracture networks—version 2, *Technical Report SKB Rapport R-04-66; ISSN 1402-3091*, The Swedish Nuclear Fuel and Waste Management Company (SKB), Stockholm, Sweden. [Also available at `http://www.skb.se/upload/publications/pdf/R-04-66webb.pdf`; last accessed 2011/08/03].

Munier, R. (2006). Personal communication.

Nathanail, C. (1996). Kinematic analysis of active/passive wedge failure using stereographic projection, *International Journal of Rock Mechanics & Mining Sciences & Geomechanical Abstracts* **33**(4): 405–407.

Ng, A. Y., Jordan, M. y Weiss, Y. (2002). On spectral clustering: Analysis and an algorithm, *in* T. G. Dietterich, S. Becker y Z. Ghahramani (eds), *Advances in Neural Information Processing Systems 14*, MIT Press, Cambridge, MA, pp. 849–856.

Nilsen, B. (2000). New trends in rock slope stability analyses, *Bulletin Engineering Geology Environment* (58): 173–178.

Odling, N. (1997). Scaling and connectivity of joint systems in sandstones from western Norway, *Journal of Structural Geology* **19**(10): 1257–1271.

Oka, Y. y Wu, T. H. (1990). System reliability of slope stability, *Journal of Geotechnical Engineering* **116**(8): 1185–1189.

O'Rourke, J. (1998). *Computational geometry in C*, 2 edn, Cambridge University Press, New York.

Pahl, P. J. (1981). Estimating the mean length of discontinuity traces, *International Journal of Rock Mechanics and Mining Sciences & Geomechanics Abstracts* **18**(3): 221–228.

Peck, R. B. (1969). Advantages and limitations of the observational method in applied soil mechanics., *Geotechnique* **19**(2): 171–187.

Peng, Z. y Jiménez, R. (2014). An approximation to the reliability of series geotechnical systems using a linearization approach, *Computers and Geotechnics*. doi:10.1016/j.compgeo.2014.08.007.

Pine, R. y Roberds, W. (2005). A risk-based approach for the design of rock slopes subject to multiple failure modes–illustrated by a case study in Hong Kong, *International Journal of Rock Mechanics and Mining Sciences* **42**(2): 261–275.

Priest, S. D. (1985). *Hemispherical projection methods in rock mechanics*, Allen & Unwin, London ; Boston.

Priest, S. D. (1993a). The collection and analysis of discontinuity orientation data for engineering design, with examples, *in* J. A. Hudson (ed.), *Comprehensive rock engineering; principles, practice & projects: Rock testing and site characterization*, Pergamon Press, Oxford, pp. 167–192.

Priest, S. D. (1993b). *Discontinuity analysis for rock engineering*, 1st edn, Chapman & Hall, London ; New York.

Rafiee, A. y Vinches, M. (2008). Application of geostatistical characteristics of rock mass fracture systems in 3D model generation, *International journal of rock mechanics and mining sciences* **45**(4): 644–652.

Roberds, W. J. (2001). Quantitative landslide risk assessment and management, *in* M. Kuhne, H. H. Einstein, E. Krauter, H. Klapperich y R. Pottler (eds), *Landslides — Causes, Impacts and Countermeasures*, Verlag Gluckauf, Davos, Switzerland, pp. 585–595.

Roberds, W. J., Ho, K. K. S. y Leung, K. W. (1997). An integrated methodology for risk assessment and risk management for development below potential natural terrain landslides, *in* D. M. Cruden y R. Fell (eds), *Landslide risk assessment; proceedings of the international workshop on landslide risk assessment*, A. A. Balkema, Rotterdam, pp. 333–346.
ROM 0.5-05. Recomendaciones Geotécnicas para Obras Marítimas

ROM 0.5-05. Recomendaciones Geotécnicas para Obras Marítimas *(2005)*. *Obras Marítimas: Tecnología, Madrid.*

Schuster, R. L. (1996). Socieconomic significance of landslides, in *A. K. Turner y R. L. Schuster (eds)*, Landslides: investigation and mitigation. Special Report 247, *National Academy Press, Washington, D.C., pp. 12–35.*

Shi, G.-H., Goodman, R. E. y Tinucci, J. P. (1985). Application of block theory to simulated joint trace maps, in *O. Stephansson (ed.)*, Proceedings of the

International symposium on fundamentals of rock joints, *CENTEK Publ.*, *Lulea*, pp. 367–383.

Shi, G.-H. y Goodman, R. E. (1989). *The key blocks of unrolled joint traces in developed maps of tunnel walls*, International Journal for Numerical and Analytical Methods in Geomechanics **13**(2): 131–158.

Simpson, A. R. y Priest, S. D. (1993). *The application of genetic algorithms to optimisation problems in geotechnics*, Computers and Geotechnics **15**(1): 1–19.

SKB (2005). *Preliminary site description: Simpevarp subarea—version 1.2*, Technical Report SKB Rapport R-05-08; ISSN 1402-3091, *The Swedish Nuclear Fuel and Waste Management Company (SKB), Stockholm, Sweden. [Also available at* http://www.skb.se/upload/publications/pdf/R-05-08webb-light.pdf].

Song, J. J. (2006a). *Estimation of a joint diameter distribution by an implicit scheme and interpolation technique*, International Journal of Rock Mechanics and Mining Sciences **43**(4): 512–519.

Song, J. J. (2006b). *Estimation of areal frequency and mean trace length of discontinuities observed in non-planar surfaces*, Rock Mechanics and Rock Engineering **39**(2): 131–146.

Song, J. J., Lee, C. I. y Seto, M. (2001). *Stability analysis of rock blocks around a tunnel using a statistical joint modeling technique*, Tunnelling and Underground Space Technology **16**(4): 341–351.

Song, J. J. y Lee, C. I. (2001). *Estimation of joint length distribution using window sampling*, International Journal of Rock Mechanics and Mining Sciences **38**(4): 519–528.

Song, J. y Der Kiureghian, A. (2003). *Bounds on system reliability by linear programming*, Journal of Engineering Mechanics **129**(6): 627–636.

Spiker, E. C. y Gori, P. L. (2003). *National Landslide Hazards Mitigation Strategy—A Framework for Loss Reduction*, Technical Report Circular 1244, U.S. Geological Survey, Reston, Virginia.

Starzec, P. y Andersson, J. (2002a). *Application of two-level factorial design to sensitivity analysis of keyblock statistics from fracture geometry*, International Journal of Rock Mechanics and Mining Sciences **39**(2): 243–255.

Starzec, P. y Andersson, J. (2002b). *Probabilistic predictions regarding key blocks using stochastic discrete fracture networks – example from a rock cavern in south-east Sweden*, Bulletin Engineering Geology and Environment **61**(4): 363–378.

Stone, C. J. (1996). A course in probability and statistics, *Duxbury Press, Belmont.*

Tamimi, S., Amadei, B. y Frangopol, D. M. (1989). *Monte Carlo simulation of rock slope stability*, Computers & Structures **33**(6): 1495–1505.

Terzaghi, R. D. (1965). *Sources of errors in joint surveys*, Geotechnique **15**: 287–304.

Theodosiou, N. L. (2008). Probabilistic stability assessment of a rock slope cut in Andalucia, Spain, *Master's thesis, Department of Civil & Environmental Engineering. Imperial College London.*

Tonon, F. y Chen, S. (2007). *Closed-form and numerical solutions for the probability distribution function of fracture diameters*, International Journal of Rock Mechanics and Mining Sciences **44**: 332–350.

Tvedt, L. (1990). *Distribution of quadratic forms in normal space: Application to structural reliability*, Journal of Engineering Mechanics **116**(6): 1183–1197.

Uzielli, M., Lacasse, S., Nadim, F. y Phoon, K. K. (2007). *Soil variability analysis for geotechnical practice*, in T. S. Tan, K. K. Phoon, D. W. Hight y S. Leroueil (eds), Characterisation and Engineering Properties of Natural Soils, *Taylor & Francis Group, London, pp. 1653–1752.*

Venables, W.Ñ. y Ripley, B. D. (2002). Modern Applied Statistics with S. Fourth Edition, *Statistics and Computing, Springer, New York.*

Vick, S. G. (2002). Degrees of Belief: Subjective Probability and Engineering Judgement, *ASCE Press, Reston, Virginia.*

Villaescusa, E. y Brown, E. T. (1992). Maximum likelihood estimation of joint size from trace length measurements, Rock Mechanics and Rock Engineering **25***(2): 67–87.*

Wan, W., Cao, P., Feng, T. y Yuan, H. P. (2005). Improved genetic algorithm freely searching for dangerous slip surface of slope, Journal of Central South University of Technology **12***: 749–752.*

Wang, J., Tan, W., Feng, S. y Zhou, R. (2000). Reliability analysis of an open pit coal mine slope, International Journal of Rock Mechanics and Mining Sciences & Geomechanics Abstracts **37***(4): 715–721.*

Wang, Y. J. y Yin, J. H. (2002). Wedge stability analysis considering dilatancy of discontinuities, Rock Mechanics and Rock Engineering **35***(2): 127–137.*

Warburton, P. M. (1980a). A stereological interpretation of joint trace data, International Journal of Rock Mechanics and Mining Sciences & Geomechanics Abstracts **17***: 181–190.*

Warburton, P. M. (1980b). Stereological interpretation of joint trace data: influence of joint shape and implications for geological surveys, International Journal of Rock Mechanics and Mining Sciences & Geomechanics Abstracts **17***(6): 305–16.*

Warburton, P. M. (1981). Vector stability analysis of an arbitrary polyhedral rock block with any number of free faces, International Journal of Rock Mechanics and Mining Sciences **18***(5): 415–427.*

Whitman, R. V. (1984). Evaluating calculated risk in geotechnical engineering, Journal of Geotechnical Engineering **2***(110): 145–188.*

Wittke, W. (1990). Rock mechanics: theory and applications with case histories, *Springer-Verlag, Berlin; New York.*

Xu, C. y Dowd, P. (2010). A new computer code for discrete fracture network modelling, Computers & geosciences **36***(3): 292–301.*

Young, D. S. (1993). Probabilistic slope analysis for structural failure, International Journal of Rock Mechanics and Mining Sciences & Geomechanics Abstracts **30***(7): 1623–1629.*

Zhang, L., Einstein, H. H. y Dershowitz, W. S. (2002). Stereological relationship between trace length and size distribution of elliptical discontinuities, Géotechnique **52***(6): 419–433.*

Zhang, L. y Einstein, H. H. (1998). Estimating the mean trace length of rock discontinuities, Rock Mechanics and Rock Engineering **31***(4): 217–235.*

Zhang, L. Y. y Einstein, H. H. (2000). Estimating the intensity of rock discontinuities, International Journal of Rock Mechanics and Mining Sciences **37***(5): 819–837.*

Zhang, Y. C. (1993). High-order reliability bounds for series systems and application to structural systems, Computers & Structures **46***(2): 381–386.*

Zhang, Y. y Der Kiureghian, A. (1995). Two improved algorithms for reliability analysis, in *R. Rackwithz, G. Augusti y A. Borri (eds),* Reliability and Optimization of Structural Systems, *Proceedings of the 6th IFIP WG 7.5 working conference on reliability and optimization of structural systems, 1994, pp. 297–304.*

Zolfaghari, A. R., Heath, A. C. y McCombie, P. F. (2005). Simple genetic algorithm search for critical non-circular failure surface in slope stability analysis, Computers and Geotechnics **32***: 139–152.*